U1009578

你不必讨好这个世界

阿莫学长 著

媚媚道来的文字
却直戳人心

致每个
孤独的行路人

中国友谊出版公司

图书在版编目（CIP）数据

你不必讨好这个世界 / 阿莫学长著. -- 北京：中国友谊出版公司, 2017.10

ISBN 978-7-5057-4170-6

Ⅰ.①你… Ⅱ.①阿… Ⅲ.①成功心理－通俗读物
Ⅳ.①B848.4-49

中国版本图书馆CIP数据核字（2017）第226144号

书名 你不必讨好这个世界
作者 阿莫学长
出版 中国友谊出版公司
发行 中国友谊出版公司
经销 北京时代华语国际传媒股份有限公司 010-83670231
印刷 三河市宏图印务有限公司
规格 787×1092毫米 32开
9.25印张 180千字
版次 2017年10月第1版
印次 2017年10月第1次印刷
书号 ISBN 978-7-5057-4170-6
定价 38.00元
地址 北京市朝阳区西坝河南里17-1号楼
邮编 100028
电话 （010）64668676

目录

01

你那么懂事，一定过得很辛苦吧

002 你那么懂事，一定过得很辛苦吧

009 从小就缺乏自信的孩子是什么感受

016 你听说过有逃避症患者吗

023 不擅长社交，会因此而被人孤立吗

028 城市很大，孤独的人都很晚回家

034 孤独的时候你是怎么走出来的

041 你是那种活得非常克制的人吗

048 外向的孤独症有哪些特征

055 你是内向的尴尬症患者吗

062 你是内心过分敏感的人吗

02

长大后，我们丢失了自己的理想

070 人这一生为什么要有理想

076 长大后，我们丢失了自己的理想

083 青春里有哪些让人难忘的瞬间

090 毕业对你来说意味着什么

097 毕业季有多少难忘的瞬间

03

再坚强的人，
心中都有软肋

104 成长过程中有哪些残酷的现实

111 生活中有哪些看不见的恶

116 陌生人有哪些让你难过的瞬间

122 世界以痛吻我，要我回报以歌

128 再坚强的人，心中都有软肋

134 那些无常，终将催人长大

140 有哪些让你瞬间落泪的事

147 真正的心酸其实是说不出口的

154 最艰难的时刻是怎么熬过来的

04

世界上没有毫无道理的分道扬镳

162 友情中有多少让人遗憾的时刻

169 好朋友为什么会渐行渐远

176 哪个时刻让你开始放弃一个人

183 世界上没有毫无道理的分道扬镳

189 假装忘记一个人是种什么感觉

196 人来人往，岁月邮差

05

我好喜欢你，不敢告诉你

204 为什么我们会觉得谈恋爱好难

209 一个人喜欢你的时候是什么模样

215 以朋友的名义喜欢一个人是种什么感觉

222 爱你的时候，我开始相信星座

228 致异地恋：爱你并非一件容易的事

233 我好喜欢你，不敢告诉你

238 聊天都能秒回你的人，遇上了就收了吧

06

番外篇

246 爸爸

258 远在咫尺

277 戏子

01

你那么懂事，一定过得很辛苦吧

你那么懂事，一定过得很辛苦吧

一、

深夜刷微博，有人在好友圈里发了一句话，说：

“成熟懂事又有什么用？我就不能彻彻底底地任性一回吗？”

突然间有点感慨。

我跟这位朋友算不上很熟，只记得上高中那会儿，她成绩一直名列前茅。

毕业后出国留学，很多事情都走在同龄人前面。

一直以来，她就是那种家长口中“别人家的孩子”。

各方面都很优秀，从小到大也一直很懂事。

看她在微博上发的这句话，我想到了之前跟朋友聊过的一个话题。

其实啊，从小就看起来很懂事的孩子，往往都过得并不开心。

从小就很懂事的孩子，看起来很乖，不争不抢，并不是什么都不想要，而是怕大人不高兴，因此从不开口索求。

过早注重成人世界的感受，害怕被说不懂事、不听话，从而失去了任性放肆的权利。

而小时候开口索求不到的东西，长大后往往也就不敢索求了。

都说会哭的孩子有糖吃。

那是因为生活总是对更懂事的人要更残忍一些，它也总让更懂事的人来承担更糟糕的情况和后果。

在生活中的你，看起来总是那么成熟懂事，可你一定也过得非常辛苦吧？

二、

想起了没搬家之前，住在我家楼下的一个小女孩。

小女孩的爸爸妈妈都是学校里的老师，从小家教很严。

从上小学开始，她一直都被邻居贴上“懂事”的标签。

有礼貌，成绩好，性格温和，不争不吵。

学校里各种竞赛和奖项统统都拿到，贴满了房间一整面墙壁。

她爸妈带着她来我家里做客，我拿牛奶给她喝。

她摇头说不要，她妈妈露出了很满意的笑容，点点头说：“拿着吧，记得谢谢人家。”

小女孩这才接过我手里的牛奶，规规矩矩地跟我说了一声谢谢。

我妈夸孩子懂事，她爸妈就笑，说：“哪里啦哪里啦，小孩子本来就应该这样，我们也没怎么教。”

而小孩子则低着头，小心翼翼地喝着自己的牛奶，眼睛时不时地看向窗外，不知道心里在想着什么。

孩子的懂事让父母脸上有光，所以就事事要求孩子懂事。

可有一天，小女孩放学后，破天荒地没有准时回家。

孩子的父母急了，打电话给老师，老师说没有留学生在学校。

晚饭时间了还不见人影，孩子父母发动了左邻右舍，到处找孩子的行踪。

结果晚上九点多，孩子自己背着书包回来了。

父母怒不可遏，抄起竹板来就打，责问孩子去了哪里。

小女孩一边哭，一边说自己一个人放学去了商场，看别人用娃娃机夹娃娃。

她一边挨打，一边躲闪，哭着说：

“我也想要有一个自己的娃娃，我的同学她们都有，就我没有……”

从小就学会成熟和懂事的孩子，往往更让人心疼。

小小年纪就要开始学会控制情绪，要学会用所谓的懂事来讨好大人，这样才能换来自己想要的一颗糖。

而那些可以肆意撒娇任性的孩子是体会不到这一点的。

他们只需要哭闹撒泼几下，就会有大人往他手里塞各式各样的糖果。

真叫人羡慕。

三、

朋友说，其实小时候这种性格上的影响，长大了会变成一道抹不去的伤疤。

她说自己小的时候，为了不想惹妈妈不开心，从来就不敢真实地表达自己。

看到喜欢的玩具想买，妈妈说会影响学习，所以就不敢说要。

到外面看到喜欢的零食想吃，妈妈说不行，吃了容易上火，因此就乖巧地说不吃了。

这种性格到了后来，变成了一种深入骨髓的敏感。

小时候害怕爸爸妈妈不高兴，长大后害怕身边的人对自己评价不好。

特别在意别人看自己的眼光，遇事不敢拒绝别人，害怕别人由此对自己有偏见。

说白了，就是一种善解人意的自卑。

朋友说，就好像前段时间，自己有一个高中同学要拍大学的毕业照，邀请她过去。

那段时间她被毕业论文搞得焦头烂额，时间上有冲突，根本就去不了。

她思前想后，用委婉的语气拒绝了对方。

可她心里又反复煎熬，感觉很过意不去，害怕别人觉得自己是找了个借口，推托不去。

于是她一整天都在照顾她那位高中同学的情绪，在微信上反复道歉，又感觉对方好像总是话里有话。

就连对方发条朋友圈，都感觉是在说自己。

这种性格总是无时无刻地影响着自己和身边朋友的相处。

总害怕跟朋友产生意见上的分歧，害怕被误会，希望能够形影不离、彼此了解。

别人觉得你热心懂事，可只有你知道，这种慢慢走向成熟懂事的过程，到底有多煎熬。

四、

看到有人说：

从小学会成熟懂事真的太辛苦了。

在了解成人世界的过程中学会隐忍，为了照顾别人的情绪，所以总是自己一个人藏起来捂住伤口。

不敢索求，不敢提及自己想要的东西。生怕多说一句，别人就会因此不高兴。

朋友说很多人跟自己相处久了，总会说：

“感觉你真的很善解人意，对人也很好，跟你在一起的时候总觉得你很懂事很成熟，就像一个大姐姐一样。”

她说：“其实我也很想洒脱一把啊，什么都不管不顾地放肆一回。”

看到那些能够肆意撒娇，能够自如表达爱和索求爱的女孩，有时候真的超级羡慕。

她说：“我也想，可是我不敢。”

她说：

“曾经有一天，我上街看到我小时候特别喜欢但从来吃不到的一款零食。

于是那天我就买了好多好多包这些小小的零食，我拿到宿舍里，一包又一包地吃。

可不知道为什么，我吃得再多，也找不回那种既渴望又期待的感觉了。”

五、

想起一句话，说，其实很多时候，过早地成熟懂事，也意味着过早地承受委屈。

总是怕给人添麻烦，总是怕别人不高兴。

可有的时候啊，过分懂事也许并非一件绝对正确的事情呢！

不妨让自己任性一次，不妨把更多的注意力放到自己身上来。

不那么在意别人的看法，不那么在意情绪的控制。

你值得拥有更好的自己。

最后，愿你历尽千帆，也总有可以任性一回的时候。

从小就缺乏自信的孩子是什么感受

一、

深夜刷微博，看到了这样一段话：

“一直觉得家庭氛围好的小孩很幸运。

因为他见过好的感情是什么样的，拥有对健康的爱的敏锐嗅觉，很容易就往正确的方向跑。

而在凑合的家庭下长大的孩子，不知道什么是好的。

所以他们总要花很多力气去踢开那些糟糕的。

要碰壁很多年，才知道哪条路是对的。”

突然间就想到了之前有人跟我说过的：

“其实回想起来，自己总是不够自信，不够主动，凡事死撑，别人对自己好一些，自己就恨不得把最好的东西都给对方。

很羡慕那些在爱里面长大的孩子，他们能够坦然地接受爱与被爱，对喜欢的东西也敢不顾一切地去追求。

相比之下，自己的心理障碍真的太多了。”

在时间和经历的影响下，很多性格缺陷，有时候真是镌刻到骨子里的。

二、

朋友说：

“都说会哭的孩子有糖吃，但我自己却是不敢哭的那一个。”

她说自己小时候那会儿，父母总是吵架，情绪飘忽不定。

从此她对生活就有一种本能的恐惧。

考试发挥不好，拿回家要家长签字，被妈妈扯过去一把撕烂。

不小心摔到了，膝盖磨破了皮，裤子也破了一个洞，哭着回家的时候却被打了一顿，谁让你贪玩？

被同桌的男生欺负，回家告诉父母，结果只换来一句：

“他为什么只欺负你不欺负别人？”

妈妈也不止一次地扯着自己说：

“要不是因为你，我早就跟你爸离婚了。”

又或者声泪俱下地冲自己喊：

“你看到那阳台没有？要不是因为你，我早就想跳下去死了算了。”

她说从那个时候起，自己开始变得敏感、多疑，变得格外自卑。

她害怕父母突然间离婚抛下自己，害怕突如其来的死亡。

害怕考试失利惹妈妈生气，也害怕明明是自己受到伤害，却反而有人责怪自己。

她觉得什么都是自己的错。

她说甚至到现在，这种感觉也都挥之不去。

拒绝了别人是自己的错，被人误会了是自己的错，别人一个眼神自己就要想东想西。

明明是帮别人的忙，尽全力了却还没做好，也会觉得是自己太蠢。

这种性格到了生活中，会不断地影响自己。

开会的时候明明心里有疑问，却因为不想引起注意而把疑问咽到了肚子里，潜意识里觉得自己提问是错的。

坐公交车的时候，原本坐在自己旁边的人突然挪动了位置，就会不断地想是不是自己刚才哪里做得不对。

这种性格让自己活得越来越被动，自卑感也会让自己过得越来越糟糕。

三、

突然间想起了自己高三的同桌，也是一个女生。

上高中时她成绩很好，英语作文每次都拿满分。

可是有一次，她英语考得差了一点，从第一名跌到了第三名，她几近崩溃。

一开始我不是很能理解。

后来跟她熟悉了之后我才知道，她家里人对她的成绩要求非常严格，已经到了一种苛刻的地步。

从小时候开始，考试成绩排不到班级前三，就会被打骂。

画画、钢琴、硬笔字书法，不学就会被打。

长时间以来，她对于考试学习有一种本能的恐惧，考试前发抖，常冒冷汗，害怕失利。

情绪一直紧绷在一个临界点，稍有一点不如意，就能让她彻底崩溃。

我们常说，家庭是一个孩子性格和情感的启蒙点。

这种影响真是根深蒂固的。

后来她跟我说：

“其实我很感谢我的父母，他们用最严厉的方式让我从小就变得独立。

但与此同时，我变得敏感、脆弱。

因为从来不允许自己失败，所以在这种严格下，我常常恐惧，害怕也会让我变得更加不自信。”

她说：“其实我也理解我父母，他们把我当成门面，把自己没有完成的希望都寄托在我身上。

可我也由此变得更加忐忑，更加自卑，害怕自己无法完成任务，害怕父母失望。”

害怕让她变得懂事，什么都不敢开口说。

害怕也让她变得自卑，往后面对挑战时，她总是想第一个逃离。

四、

看到过一篇文章，说生活中有很多人都是这样的：

从来都不麻烦别人，所有事情都一个人扛着。

但与此同时又敏感、玻璃心、自卑，过分在意别人的看法、想法。

过于懂事，想要的不会开口要求，谁对自己好一点都会感动不已。

更多的时候，连开口拒绝别人都觉得这是一种过错。

朋友说长时间以来，她就活成了这副模样。

跟同学出去玩，总有人告诉自己，说跟自己在一起的感觉真好。

不争不抢，性格随和，看起来很懂事很成熟。

她说其实没有人天生就很懂事的。

只是像自己这种，从小跌倒了要爬起来自己擦干眼泪的人，已经习惯了要多懂事一点，多为人着想一些。

敏感和不自信让自己变得犹豫，遇到想要的东西也从不主动，总是在心里反复纠结。

遇到机会的时候会想：

我还没准备好，不如让别人试试吧。

上大学的时候，遇到演讲比赛，总觉得等自己多写几篇演讲稿，多练几次再试试。

遇到学生会竞选，也总想着再准备一下，等有十足的把握了，再上台发言。

很多事情就在这种不自信中慢慢失去。

不自信让自己变得胆小，从来都学不会肯定自己。

从来没有想过自己已经足够努力了，也从未想过自己在某个方面真的可以赢过别人。

五、

小时候的性格影响，有时候真的是一辈子的。

我也是突然间才想到：

其实很多不那么幸运的人，他们也一直都在努力摆脱这些影响吧？

就好像我朋友说：

“一直以来，我都在摆脱这种性格的影响，就是想让自己面对机会的时候主动一些，再主动一些。”

其实，所有人都是一样的。

这个世界上有那么多不如意的事情，有那么多不幸运的时刻。

不幸运的开始并不能说明什么，但倘若你不去改变，很多事情就真的会越变越糟。

抛下那些想东想西的时刻，多做点正儿八经的事情。

在这个世界上，你真的可以成为你想要成为的那个人。

共勉。

你听说过有逃避症患者吗

微博上看到这样的一段话：

一直觉得，最严重的歧视，其实是对于性格的歧视。

社会对内向性格的歧视简直犹如大气压，沉重、广大，无可抗拒又无可逃脱。

日常生活中就好比：

“其实你表现得很好，工作上也没有任何问题，但就是有点内向，希望你以后可以外向一点。”

“你不就是社交障碍吗，什么内向都是可以改的，别总拿性格当借口。”

诸如此类。

强行让自己变得活泼开朗，活得很累，常常纠结，人际交往中被动而不自知。

很多性格内向的人都感同身受。

一、

朋友说，节日放假，一个人在房间里待到地老天荒，听歌看电影，闲来自己做饭，没有人叫自己的话就决不出门。

后来就有同事问她说："假期都去哪里玩了啊？"

她说："哪儿也没去啊，就在家里待着。"

对方很惊讶，说："你不觉得一个人待着很难受吗？"

朋友说："不会啊，我一个人待着也挺好。"

但对方就是很难理解。

朋友说，也经常听到有人评价她，说她这个人，什么都好，就是性格上有点太内向了。

也经常有人告诉自己说：

"要是你外向一点，说不定就能比现在更早些当上组长。"

"要是你外向一些，肯定早就摆脱'单身狗'的称号啦。"

朋友说，有时候很不懂，与生俱来的性格其实本身就很难扭转过来。

并不是什么社交障碍，日常生活和工作上该交流的东西一句不少，只是相比一群人在一起，她有时候更习惯独处的感觉。

她觉得这些都不是什么需要改变的东西。

但也有朋友恰恰相反，她说：

自己从小性格内向，总是被父母逼着要改变。

比如让自己鼓起勇气去新来的邻居家串门，比如让自己当着很多亲戚的面表演才艺。

她说，不是不明白父母的用心良苦，但过程真的格外煎熬。

以致到现在，这种强迫变成了她童年的一种阴影。

她害怕跟陌生人交流，聚会的时候不低头玩手机总觉得浑身不自在。

这种阴影面面俱到，如影随形。

她说，自己之前到了一个新公司，跟刚认识的同事一起吃饭，面对面坐着的时候一直都在玩手机，因害怕交流而装作很忙的样子。

开会的时候明明还有疑问，却因为不想引起关注所以默默地咽到了肚子里。

上厕所的时候一旦在隔间里听到外面有人，她都会等没人之后再推门出去。

朋友说，有时候也很厌烦这样的自己啊，但每次改变的时候都觉得很累。

心里总要想着如何去迎合别人的想法，如何让自己变得健谈、开朗。

相比之下，自己依旧更习惯孤独。

而看到别人总能够侃侃而谈，能够迅速和别人打成一片，其实心里也都超级羡慕。

想改变，却又远远做不到那一步。

二、

内向纠结，觉得一个人独处的时候最自在。

人际交往中往往又变得犹豫，过度被动，其实就是典型的逃避型人格。

逃避型人格让自己在很多方面都变得格外不自信。

朋友说，后来她自己也发现，对于很多需要去尝试的事物，她一直处于一种犹豫不定的状态。

就好比：

想去海边，却总想着等我练出了马甲线，身材再好一些的时候再去。

想参加马拉松比赛，心里却想着等我再提升一下身体素质再去参加。

想要竞选某个职位，又觉得自己还没有准备好，等准备好了再说。

于是别人在海边的时候，自己还在家里准备。

别人已经走上了自己梦想的职位，拿到了心仪的奖项，自己却还在不断地自我怀疑。

在感情中就变得更被动了。

但凡能发短信说清楚的事情，绝对不会打电话。

不喜欢接陌生人的电话，害怕电话听筒两端的同时沉默。

几乎不会主动找别人聊天，但又希望别人能够主动来找自己聊天。

可等到别人真的找到自己聊天的时候，又觉得话题枯燥无味，不想一直停留在聊天界面。

朋友很少，从头到尾几乎一直有联系的就那么几个，而一旦结识新朋友，相处的时候更多的是别扭以及不自在。

朋友说，很多时候，自己在感情中其实就是害怕被放弃。

比方说有一次，跟两个朋友订好了票说明天一起去看电影。

结果到晚上的时候，又有个朋友说想一起去看。

不巧那场电影满座了，人数有四个，票只有三张，于是大家都在微信群里出谋划策。

她说自己其实很想去看那场电影，但她还是说：

“没事你们去看吧，我明天刚好有事就不去了。”

害怕被放弃，所以自己先退出。

感情上就算放弃也不主动争取，害怕伤害就先选择逃避，对可能让自己受伤的事尤其敏感。

典型的逃避症患者大抵如此。

三、

突然想起了有人吐槽过这样一句话：

感觉自己总是不够幸运，很多事情好像总是赶不上，对的人也总是转个身就离开。

就算自己努力了，也未必是想要的结果。

其实典型的逃避症患者总会有这样的感觉。

因为不自信，所以从来就没有想过肯定自己。

总觉得自己做得不那么好，却不知道自己在某些时候已经做得很棒了。

就好比听到朋友说：

“本来打算参加学校的一个英语演讲比赛，觉得自己不够好，就放弃了。

可后来决赛的时候去现场观看，发现其实自己的水平也没有很差，其实自己当初应该鼓起勇气去参加一下的。”

其实你自己也发现了吧？

很多时候，你想要改变的东西，并非是因为自己内向。

你要改变的，是自己纠结、过分犹豫，还有常常不够自信的缺点。

在这个当下人人都焦躁的年代，与其痛恨自己的无力，不如尝试在新鲜的事情上主动一些。

不想东想西，放下那些纠结的东西，接受自己应该接受的事物，少玩点手机，多做点正儿八经的事情。

至于性格上的内向，未必是一件坏事。

不太会主动社交往往能够用真心换来朋友，习惯独处常常也能给自己带来另一番天地。

做一个内向但不缺乏新鲜的人，大概要从接受和了解自己的性格开始。

与君共勉。

不擅长社交，会因此而被人孤立吗

如果说社交的本质在于交流，交流从而创造群体，那么不擅长社交，掌握不了更多的社交技巧，会就此而被人孤立吗？

前阵子，公司里有个男同事非常郁闷，闲暇时候找我吐槽，说是最近在他们小组里面感觉被孤立了，别人吃饭不叫他，平时除了工作上的问题会交流一下，其他的没有过多接触，感觉上，他是被人硬生生地隔开了。

他说："我这个人不太懂什么社交技巧，也不知道是不是哪一点得罪大家了。"

之所以找我抱怨，是因为我跟他们组里的几个人还比较熟。想让我去问个清楚。

后来恰逢周末，几个人出来吃饭，偶然的机会我也就把他当日的疑问提了出来。细问之下才知道，此事虽有缘由，但跟得不得罪人没什么关系。

其中一个同事就说了一点：几个人出去吃饭，店里客多人忙，服务员给他上菜慢了，他差点跟对方吵了起来。

同事说当时也不是急着要去做什么，但他那个人就是这样，因为一点小事就大动肝火。开车去郊游，路上有点塞车，其实大家都不着急，出来玩就当兜兜风，都在相互开玩笑，结果他拍着方向盘咒骂，影响了一整天的心情。

大家都知道他是对事不对人，但慢慢地都有意识地远离了他。

这个时候我才想起找我的那位男同事，他平日在工作中也经常暴躁异常，脏话不断。暴躁容易让一个人丧失修养，与社交无关，没有一个人会喜欢整天同一个火药桶待在一起，没有人喜欢被一两句话带糟了所有心情。

一个人被孤立，被人不喜欢，一定有缘由，但这个缘由，一定不会是你不擅长社交。

另外一个例子则恰好相反。

大学室友毕业出来，到一个大公司里做策划。从实习生到正式员工，从正式员工到部门经理，几乎每一个位置都水到渠成，看上去也没多少起起落落。

从头到尾，不过花了两年多的时间。很多同一时间出来的人还在最底层的位置劳劳碌碌、摸爬滚打的时候，他早已学会该如何惬意生活。

这种现象也就导致了出来聚会的时候，不少人问他要职场技巧，问他要与人交往、与人社交的诀窍。

每每遇到这种情况，他总是一笑而过。

久而久之，便有人说他是靠关系上去的位置。

然而事实并非如此。

没有说，没有分享，并非藏私，只是他性格的确内向，也的确不懂得什么社交技巧、职场技巧。他唯一的技巧就是：少说多做。

他性格向来就比较内向，上大学的时候也没见他参加什么社团活动，开始工作之后也不见他整日厮混饭局酒局，他只是默默地做好手头的每一件事情。

印象特别深的，是关于年前的一次聚会，大家都很忙，发起聚会的组织者也因为匆忙而未能好好计划，朋友们到了餐厅却被服务员告知没有位置。

结果他不知道从哪里冒了出来，一下子把我们领进了一个宽敞的包间。

问他怎么做到的，他有点害羞地笑道："早些时候听说这地儿人多，不好订位，所以我早早过来先占了个位置等着你们。"

没有任何邀功请赏的意思，在他眼中，自己只不过是做了一件最微不足道的事情，轻描淡写地就此揭过了。

世界上没有无缘无故的爱，我由此想到他上大学那会儿，虽然他内向，看上去没有什么社交，然则朋友不少，大家都喜欢主动接近他，也不乏女孩子对其表达倾慕之意。

他不懂什么社交技巧，他不擅长和陌生人打交道，但他懂得行动大于空话的道理，往往在你没想到的地方，他不需要问你要不要做什么，而是直接就做了。

不擅长社交，内向，并不会导致你就此被人孤立。

要知道，内向从来就不是一种缺陷，它是一种性格；而擅长社交不过是一种让你变得善于言谈的技巧，不善言谈的确会阻碍你去认识很多新的朋友，但是没关系，我们老早就该明白一个道理：

朋友是一个经过长时间筛选的过程，不擅长社交让你失去很多朋友，但能够留下来的，始终都是懂你的那些。

那么社交在我们生活中难道就不重要了吗？

并不是。

社交在我们生活中的确占据着非常重要的位置，但也并非你想象中得那么重要。

擅长言谈的人生活总是丰富多彩，广交四方。然则不擅长社交的人也终究有自己的一方世界。

语言，是一种表达的方式，但我们的表达并不局限于此。

行为的落实比言语空谈的表达要强上百倍。

再动听的情话也比不上行为所带来的安全感，再感人肺腑的誓言也比不上一次真心实意的付出。

不擅长社交，也没必要强行提升自己的社交技巧，从行为上下功夫，会比你钻研技巧来得更好。

不擅长社交不等于情商低。

不擅长社交也并不会导致你就此碌碌无为。

职场看的是能力，而生活看的是人品。

不要被你的认识绊住脚步，不要固执地自绊步伐。

做好你手头该做的事情，告诉自己：有些事情，该来的来，该滚蛋的都滚蛋。

愿你总能活出自己想要成为的样子。

愿你纵使兜兜转转，也总能找到让自己敞开心扉的伙伴。

城市很大，孤独的人都很晚回家

一、

朋友说：“毕业后，感觉自己突然间像被从一个喧闹嘈杂的空间里抽离出来，猛然间被塞进一个陌生而空洞的环境当中。

说孤独好像又有点矫情，但某些时候它又是实实在在、沉甸甸地蜷缩在心窝口上，压得人喘不过气来。

以前喜欢天马行空，现在只考虑当下生活。”

她在微信上发给我这段话的时候，我一抬头就可以看到对面的地铁车窗上自己疲倦的身影。

这是地铁十一号线的最后一班列车，车厢内空荡荡的，一个人也没有。

于是我想起了很久之前，朋友发在社交网上的一个动态：

“城市很大，人来人往，其实没有什么东西是抓得住的。

就像眼下这些悬挂在头顶、随着车身摇晃的手拉环，就像这些肯一如既往地陪你熬夜加班的交通工具之外，再没有其他东西了。

无人与我立黄昏，无人问我粥可温。”

朋友说，她所理解的孤独，是看《大话西游》的时候，至尊宝转身背离城墙的那一刻，他扛着金箍棒，他背后是夕阳武士和紫霞仙子。

纵然不舍，也未曾回头。

二、

以前，对于孤独的理解是身边没有陪伴自己的朋友。

想出去玩，翻遍了通讯录，发现并没有随叫随到的人。

刷微博的时候看到了一件好笑的事情，发现无人分享，于是默默刷向了下一条。

洗手的时候不小心打翻了一个盘子，但你手疾眼快，在它落地之前托住了它，你惊喜地看向身边，发现并没有人知道刚才那一瞬间你有多么炫酷。

而现在，对于孤独的理解渐渐变成了：将自己扔进不合适的群体当中。

有朋友说：刚入社会，简直就是一部血泪史。

削尖自己，磨炼自己，你把身边的人都当作自己需要契合的对象，同事关系上，你从来不敢怠慢谁，害怕自己稍微不热情就会得罪谁。

她说，一开始，自己刚到公司，完全不懂得拒绝，也完全不敢去拒绝。

担心无意间伤了自己和别人的关系，害怕自己的言行惹得别人不开心，总是努力达成每个人的要求。

可久而久之，她突然间发现，自己成了别人眼里的免费劳动力，叫你帮忙的时候，偶有推辞，就被说成了小气刻薄。

后来她才说，可能自己当时就是那种所谓的社交低能的人吧。小心翼翼地对待每一个人，心里其实未曾乐意。所以也渐渐演变成了靠帮忙来维系感情的那一种人，随时担心关系链会崩溃。

她努力合群，换来的是无人理解和更大的孤独感。

千人千面，每一个人都是一个孤独的个体，每一种孤独，也只有你自己才懂得个中滋味。

人与人的关系有多脆弱？

除了那最亲近的几个朋友和自己的亲人之外，大多数，是利益牵连，是表面文章。

是时间长了就自然断了的联系，是知人知面，但不知心。

很久不见的朋友突然间联系，你以为是联络感情，聊了几句之后他突然抛出一句：最近手头有点紧，可以借点钱花吗？

又有同学找你，你满怀期待地点开消息，发现只是一张结婚请帖。

某些时候，人来人往，车去车来，带得走的留不住，留得住的会失去。

就像歌里面唱的那样：

“闭起双眼你最挂念谁，眼睛张开身边竟是谁。”

大概就是这种感觉吧。

三、

有人说，幼儿园是很多人的幼儿园，小学是一个班的小学，初中是一群人的初中，高中是几个人的高中，大学是两三个人的大学……而上班，是一个人的上班。

人，大抵都是慢慢走向孤独的吧？

孤独向来是一种人生常态。

而独处是一种选择。

朋友说，毕业过后同学聚会，三五成群，熟的不熟的都扎堆一起，吃过饭后往往也唱歌喝酒，一群人呼来喝去，虚情假意地你敬我我敬你。说什么大醉一场，不问前程。

于是下一次聚会的时候她摆摆手，说不去了。

别人问起为什么，她说很简单啊，一群人吹吹牛，吃个饭，第二天继续闷头上班，平日里扭头就忘，顶多有困难时候找你帮忙，其他时间根本就没有任何联系。

很多时候，低质量的社交，不如高质量的独处。

从学校毕业出来，骤然间面对一个完全不同的环境，于是你突然间感觉到自己是一个大人了。

因为是一个大人了，所以要学会不轻易被情绪绑架。

不因为几句甜言蜜语就开心一宿，也不会因为谁离开、谁留下而有过多的黯然神伤。

四、

一个人吃饭，一个人走路上班。

一个人吃火锅，一个人看电影。

有时候，不是觉得孤独有多好，只是不喜欢将自己扔进一个完全不同的群体之中。

既不愿意讨好别人，也不愿意让对方觉得自己乏味。

我一个人在电影院看夜场电影哭了笑、笑了哭，直到半夜两点，你以为我过得孤独，其实我只想过得舒服。

朋友说，独自一人在外地，没有什么朋友，身边的同事也大多属于泛泛之交。

他说，自己突然间就喜欢上了加班，不是说有多热爱工作，只是有时候不想让自己在忙碌中空闲下来，下了班没有地方可以去，一旦离开公司，回到自己的小屋子里，心里就缺了一块，空荡荡的，说不出是什么感觉。

他说，跟他一样下晚班挤同一班公交的人倒还挺多的，那一回他自嘲地说：可能这城市太大，孤独的人都很晚回家。

我也是后来才明白。

一路走来，见过那么多友情和爱情，有些故事大家心照不宣，有些情节大家帮忙遮掩。

很多时候，人来人往，我从未怀疑过每一个人的真诚，可有时候啊……

人性幽深复杂，难辨真假，我慢慢地变得什么都可以理解，但我也变得什么都难以相信。

更多的时候，不是我选择了孤独，而是孤独选择了我。

五、

一个人过，未必就是不好。

朋友不多，几个足够。

孤独是一个漫长的过程，你站在黑暗中孤寂难耐，是因为你还没有听见声音。

长路漫漫，未必总有灯光。

但愿你穷尽一生，也终有不那么孤独的时候。

孤独的时候你是怎么走出来的

一、

刷朋友圈的时候读到一篇文章。

说生活中有好多人，看起来乐观开朗，待人也友善。

但实际上他们心理障碍比谁都要多。

别人稍一注意到自己，就开始忍不住敞开心扉。

总以为这是坦率，其实这是孤独。

想起了前段时间看到过的话题，说一个人在陌生的城市，你做过最孤独的事情是什么？

有个回答我印象深刻。

说一人在外，阑尾炎发作。

一个人请了假，到医院撑着做完了手术。

半夜的时候麻醉药效没过，想起来上厕所也起不来，就那样反反复复地煎熬了一整夜。

一整夜，只能一动不动地躺在床上，长时间地发呆，身边也没有一个亲人朋友。

大概是这辈子最孤独的时刻，没有之一。

二、

也有朋友说，最孤独的时候，是自己刚刚毕业那会儿，一个人在一座陌生的城市。

那个时候想啊，自己二十来岁了，总不能什么事情都还要家里帮忙吧。

初到城市的时候什么也不懂，就那样每天加班，一个人走很长很长的夜路回家。

她说那个时候，其实自己工作很忙，也没有什么特别的感觉。

只是突然有一天，她因为熬夜过度，发烧，病倒了。

她说那个时候她自己一个人撑着，去医院、挂号、看病，然后再买药。

可她万万没有想到的是，等到需要缴费的时候，她才发现自己身上那些零零碎碎的钱加起来，都不够付那点医药费。

她说自己当时就躲进医院的厕所里，顶着高烧给家里人打电话，跟家里人要钱。

结果电话接通的一瞬间，她立马就哭了。

她说：

“不知道为什么，一听到家里人的声音，我的眼泪就再也忍不住了。”

她说：“其实我哭不是因为我生病了有多难受。

只是那个时候我明明已经出来工作了这么久，可我连两百多块钱的医药费都付不起。

我得找家里人要，我在这个城市没有一个朋友，也没有一个打通电话就能陪我到医院来的人。

我只是感到孤独。”

她说：

“那个时候我才明白，成长就是一个慢慢走向孤独的过程。

以前的我从来就没有想过会有这么一天的。

没想过有这么一天，就算是一场普普通通的感冒发烧，也能够轻易把我撂倒。”

三、

想起上大学那会儿，做过一个街头采访。

说真正的孤独是一种什么样的感受？

回答的内容就好比：

“一个人的时候，晚饭叫了份外卖，不敢去洗澡，怕外卖提前送到之后没有人帮自己拿。”

“早上出门的时候太匆忙，不小心把杯子撞翻了，回到家里的时候碎片还留在原地一动不动。”

也有人说：

“是周末一个人在家的时候，一个午休迷迷糊糊地，一不小心就睡到了傍晚六七点。

醒过来的时候天色渐暗，顶着昏昏沉沉的脑袋，耳朵里却听到楼下家家户户翻锅炒菜的声音，儿童嬉笑打闹的声音，空气中还氤氲着各种饭菜的味道。

可自己抬眼只有昏暗的房间、老旧的书桌和吱呀作响的吊扇。

孤独在黄昏里跳动，心窝口挨了一记重拳。”

而我印象最为深刻的，是其中一个女生回答说：

“所谓孤独，就是不敢轻易忘记自己还没有跟别人分享的事情。”

记起了自己有一次，放假的时候去找朋友玩。

毕业之后她去了北京，而当初我们这一群人，大多数都留在南方一带。

因此除了工作，她总是孤身一人。

三天的时间，她带我跑遍了各处好玩的地方。

最后一天她送我到了机场，去取票的时候路过一个拐角，突然间，她很兴奋地扯住我说：

“哎，你知道吗，上一次我在这里，远远地把一团废纸准确无误地扔到了那个垃圾桶里耶！”

她讲这些话的时候眼睛里泛着光，像是在诉说一件很了不得的事情。

于是我想到了之前看过的一个四格漫画。

在漫画里，一个人不小心把杯子撞倒了，可下一秒他又手疾眼快地把杯子给稳稳地托住了。

他兴奋地回过身，说：

“嘿，看我多厉害！”

可到了这个时候他才猛然发现，他身边并没有可以炫耀的那个人。

大概就是这种感受吧？

把所有足以和别人分享的事情藏在心底，却因还没有跟别人分享而不敢轻易忘记。

四、

看过一个纪录片，采访一些刚毕业不久、出来工作的年轻人，问他们：

“在一座陌生的城市里，让你感触最深的东西是什么？”

其中有个男生说，除了不停地忙碌，当然还是孤独。

每天都好像一个又一个循环。

早起上班，做机械而重复的工作，晚上八九点下班，挤着地铁，摇摇晃晃地回到家里，这就是一整天的生活。

不要说那些爬山、健身之类有意义的活动了。

出来工作之后的每一天，都像是一根紧绷的弦，累得倒头就睡。

到了周末，也只想在床上睡到天荒地老。

而很多时候，甚至于不敢让自己停掉手头上的工作，因为害怕那种突然间空闲下来的孤独感。

害怕自己无事可做，害怕自己变得茫然。

五、

陈奕迅的《孤独患者》里，有一句歌词是这么唱的：

“我不唱声嘶力竭的情歌，不表示没有心碎的时刻。”

很多人都是这样吧？

害怕那种突如其来的孤独感，害怕那种自我拉扯的茫然无措。

把很多难过的时刻藏着掖着，既想要被看见，又害怕被看见。

在天涯上看过一个帖子，说：

“你们最孤独的时候，都是怎么熬过来的？”

底下有很多人说起自己以前的经历，身边没有朋友，没有家人。

被孤独感吞噬的时候，其实所有人都明白那种感受。

只是啊，你害怕、无措，你痛恨自己的无能为力，可你又总得面对。

这个世界上有那么多不期而至的离别，有那么多艰苦卓绝的努力。

总会有那么一段时间，需要你一个人撑着，并且独自走过。

最孤独的时刻，要如何才能走出来？

也许就只能让自己变得更坚韧一些。

想放弃的时候不妨想想：

这个世界上真的有很多人跟你一样，一边苦苦挣扎，一边顽强反抗。

并且，他们都深爱着你。

共勉。

你是那种活得非常克制的人吗

一、

前段时间跟朋友在手机上聊天，她突然间感慨说：

感觉自己活了二十几年，对于感情一直都很克制。

害怕高估了自己在别人心中的位置，所以什么思绪都放在心里。

怕被拒绝，怕失望，怕受伤，再怎么想念，也不会主动去联系别人。

说好听点，是克制；说不好听点，是自卑。

想到了之前看过的一篇文章。

说生活中有这样一部分人，他们喜欢待在自己的世界里，被动地接受很多东西，看看电影听听歌。

就算是心里情绪爆棚，也会克制自己，宁愿眼睁睁地看着它失去也不主动争取。

大概这是很多人的真实写照。

二、

朋友说：

“其实很多时候我内心里是害怕被放弃的。

很多时候大家都觉得我很懂事，不争不抢。其实我只是单纯地害怕自己高估了自己的位置，害怕别人亲口提出要放弃我。

就好比，我心情不好的时候其实也很希望我最要好的朋友能够在我身边陪着我。

但有时候我害怕因此给别人造成困扰，害怕别人觉得自己矫情，怕让别人尴尬。

所以朋友一旦有其他的选择或者其他的事情，我都会毫不犹豫地接上一句：

‘没事你先去帮她的忙吧，我没关系。’

‘没关系我一个人也可以，你先去安慰她。’”

不是因为自己“处处为别人着想”，而是因为害怕自己被放弃。

宁愿自己主动提出放弃，也不愿意听别人一句“某某你自己一个人应该可以吧”。

而看到那些敢于主动索取的人，有时候真的让人超级羡慕。

突然想起之前看到过的一句话。

说有些人，就是从小到大都太懂事、太克制了。

遇到喜欢的东西，别人如果想要，就会毫不犹豫地抽身而退。

安安静静，什么都不吵不闹，想要什么都不敢说，想要什么也不敢开口帮忙。

处处为别人考虑，到头来，也不过是换来别人一句“善解人意”的评价罢了。

朋友说，其实这种心理，就是自卑感在作祟。

就好像有人说的：

“你别看我外表大大咧咧，为人也乐观上进。

但我内心敏感而且脆弱，并且习惯自我保护。

我对人好，就希望别人也能够回馈同样的好。

如果别人回报给我的是伤害，那么一两次之后，我就会克制住我自己。”

就算心里再怎么翻江倒海，也不会主动去联系对方。

三、

马德在《允许自己虚度时光》里说：

“我慢慢明白了我为什么不快乐，因为我总是期待一个结果。

看一本书期待它让我变得深刻，锻炼游泳期待它让我一斤斤瘦下来，发一条短信期待它被回复。

对人好期待被回待以好，写一个故事说一个心情期待它被关注被安慰，参加一个活动期待换来充实丰富的经历。

这些预设的期待如果实现了，长舒一口气。

如果没有实现呢，自怨自艾。

可是小时候也是同一个我，用一个下午的时间看蚂蚁搬家，等石头开花，小时候不期待结果，小时候哭笑都不打折。”

其实很多时候，在感情上也是一样的道理吧?

害怕自己付出的没有任何回报，胆小，怕受伤，所以变得更加克制自己。

所以以上种种，说到底就是一种缺乏安全感的体现。

因为那种巨大的、无处不在的不安全感，让你凡事都往最坏的方向去想。

缺乏安全感让自己过分在意别人的看法。

有朋友说：

“每一次跟朋友去外面玩，大家都觉得我很成熟，很好说话，做什么事情都顺着大家的意思。

其实不是的。

我害怕拒绝别人，因为我过于在乎别人的想法。

别人拉着我讲很多事情，尽管我已经很累了，但是我还是会打起十二分的精神去听。

别人要求我帮忙，即便是尽力了，我没有做好，依然会觉得十分愧疚。

明明很生气的，但别人如果跟我道歉了，我就会原谅对方，因为怕对方觉得自己小气。”

换到自己身上也是这样：

害怕因为自己的事情而麻烦别人。

害怕自己提出见面，而别人却不想见面。

所以很多时候克制住自己想要任性一把的想法，克制住想念，克制住主动联系的冲动。

大家只觉得你安静，不吵不闹，没有人知道，这种被动已经变成了你性格的一部分。

不自信也变成了一种常态。

四、

缺乏安全感和过分克制会让自己错过很多东西。

朋友说，很多时候不仅仅是感情，在很多事情上自己都缺乏主动的勇气。

十几岁的时候担心考试失利。

二十来岁的时候担心学生会面试出糗。

毕业季的时候担心工作没有着落。

很多事情都处在一种“以后再说”的状态。

参加英语口语比赛？等练熟一点再说。

参加创业比赛？等自己的专业水平再提升一点再说。

因为不自信和过分克制，让自己错过了很多很多的事情。

朋友说有时候完全没有意识到，其实在某种程度上来说，自己已经做得足够好了，起码也不算差。

但因为缺乏安全感，从来都觉得没有底气。

没有底气，所以畏首畏尾，导致错过了很多本来可以得到的人和事。

五、

“一直以来我都活得很克制，而且我还一直以为自己是对的。”

这是前天晚上，在朋友圈看到我朋友发的一句话。

想起她之前跟我说，要请假去另一个城市，找自己喜欢多年的男生告白。

我很诧异，问她说怎么这么突然？

她说一直以来，在感情上她都很克制，因为总有人告诉自己，什么不能做，什么可以做。

她一直活在一个刚刚好的圈子里，从来不会迈出外面一步。

但现在她想试试。

昨晚，她发短信给我说：

“我现在就在火车上，我所能想到的最坏的结局都已经想过了。

有些事情不主动就会失去，我只是想主动一次而已。”

于是我想起之前看过的一段话：

“世人所谓正确的方向大多数规规矩矩，考一个好学校，找一份好工作，都在一个刻度之内，从不犯错。

最终出来一个四四方方的东西。

但美是不正确，美是错乱。”

愿你永远都有不缺乏反抗生活的底气。

共勉。

外向的孤独症有哪些特征

一、

深夜跟朋友聊天，说到一个话题：

“为什么有些人看起来平易近人，但生活中的朋友却不多。”

朋友说：

其实在生活中有这样一类人，他们习惯于待在自己的世界里，没什么事情可做也好，听几首歌，看场电影也可以过一整天。

在很多事情上从不主动，敏感，有点胆小。

不敢付出，害怕背叛，是那种典型的外向悲观主义者。

突然间就有点懂了。

二、

事实上，我身边的朋友早就有表示过，说自己就是这样的一类人。

看起来，性格开朗，其实总感觉自己朋友很少，常有孤独感。

跟别人聊天的时候，善于去迎合别人的话题，也会格外留意别人对自己的评价。

喜欢胡思乱想，害怕尴尬。

有轻微的社交恐惧症，与人相处时会觉得很累，因此内心里也习惯独处。

在生活中就好比：

走在路上的时候，如果一个熟人迎面走来，会因为害怕视线交错而假装玩手机，等到了他身边的时候再抬头打招呼。

家里来了陌生的客人时，如果父母没有叫自己，那就会一直躲在房间里不出去。

吃饭的时候如果对面来了一个人，就会感觉到非常不自在，不停地翻看手机，即使只是在屏幕上简单地滑来滑去。

朋友说，这种感觉如影随形，具体到了生活中的每一个瞬间。

她说起了她以前经历过的一件事情。

说是上大学的时候，一次偶然的机会，她和几个同学在一位指导老师的带领下参加了一个模拟创业比赛。

抱着试一试的心态，没想到拿了一个市级的二等奖。

颁奖的时候，指导老师要带他们当中的一名学生一起上去致辞。

朋友说当时没想到的情况是，大家都自愿把这个机会让给她，极力推荐她上台领奖。

她说：

“其实我心里清楚，他们推荐我上去的原因是这个小组一直是我在带领他们。也就是说，我并非受之有愧。”

但她说：“可当我站到那个领奖台上面的时候，在很多人的注视下发言，就是觉得非常尴尬啊。

不是说自己的内心不希望被肯定。

反过来，其实自己这么在乎别人看法的人，应该是很希望得到别人肯定的。

但一旦被当众肯定之后，又觉得尴尬极了，恨不得立刻钻到地缝里。”

她说，后来又因为自己过于紧张，发言到一半的时候把写好的致辞稿忘了，在众目睽睽之下卡顿了好长时间，越急越乱。

以至于现在她说起这个场景，还能够切身体会到那种尴尬，反反复复在自己的脑海里回放。

说白了，胆小，害怕尴尬，有点自卑。

慢慢地就变得习惯独处。

三、

朋友说：

“你别看我乐观，看起来也不那么内向。但其实我这种人总有各种各样的心理问题。

比如说悲观脆弱，比如说敏感、容易胡思乱想。

又比如说习惯于孤独。

平时跟别人交流的时候，会处处照顾别人的情绪。

因为在乎别人看法之类的种种，会让自己过得拧巴又无趣。

会因为忘记跟别人打招呼而惦记好多天，也会因为不小心跟别人讲话的时候语气不太好，而不断盘算着要怎么道歉。

实在是太累了。”

突然想到自己其实也有过这样的状态。

大学刚毕业那会儿，我刚进入一家公司，突然间面对一个新环境的时候就常常有这样的感受。

害怕自己因为一点过错而被人孤立，在乎新同事对自己的各种评价。

不够自信，只会让自己努力合群，只希望自己能够得到更多的认可。

于是在与人交往的时候就常常处于一种被动的境地，内心的活动通常是：

“我刚才是不是说话的语气不太对，感觉他有点不开心了。”

“咦？他刚才走过去的时候连看都不看我一眼，是不是觉得我很烦？”

“唉，刚才那件事情其实我太冲动了，不应该当众反驳他的，我要是现在去道歉，他会不会不接受啊？”

旁人一有点不一样的举动，就很容易自动带入，觉得累，疲于这种状态。

相较之下，一个人独处的时候反而没有这种烦恼，想做什么做什么，无须考虑别人的感受，也没有必要去迎合别人。

慢慢地，看起来外向和习惯孤独就变得不那么矛盾了。

就好像有人说的：

“都说有思想的人到哪里都不会合群。”

我也希望自己就是那个“有思想”的人，可惜我不是。

反过来说，我甚至可以说是一个相当无趣的人。

我跟别人在一起的时候，总是害怕别人厌烦我的无趣，自己也没有办法让自己变得更加有趣一些。

自卑，脆弱，悲观，还有点胆小。

这就是我的全部了。

四、

所以在感情上，总是宁愿放弃也不主动争取的人，说的就是自己啊。

总是保持着能够随时抽身而退的克制，害怕付出，不想被人伤害。

心里面想要见一个人，却不敢去联系。

自己在心里跟自己较劲，总是想着：

“如果我主动联系了，他却根本就不想理我，怎么办？”

“主动找他，可他却完全不在乎我，那不就显得我很卑微？”

处在一种比较的状态，胆小自卑，怕维系感情的时候很累。

总觉得自己主动的话，就好像输尽了所有。

害怕自己一腔热情被浇灭，也害怕主动之后会受伤。

因此自己就慢慢变成了那种内心情绪再怎么翻江倒海，也从不主动去联系别人的那种人。

听到触景生情的歌会发呆，看到感人的片段会泪流满面。

但倘若要你主动，那你就会瞬间用面无表情来包裹自己。

五、

看到过一句话是这么说的：

“这世界上有很多事情，只有等你真正做出改变时才会猛然发现，它远没有想象中的那么糟糕。”

我也是到后来才明白：

发现被众人肯定也是件很棒的事情，所以慢慢摆脱了尴尬。

发现自己努力合群的结果并不能让自己摆脱孤独，因此就收起了自己的敏感心。

发现不主动争取，只会让自己活得更加被动，所以才学会鼓起勇气。

想活得大方自然，大概就要从这种状态走出来开始。

愿你穷尽一生，也终有不那么孤独的时刻。

你是内向的尴尬症患者吗

一、

最近微博出现了一只叫DOKI的兔子，一名内向的尴尬症患者。

内向的特征就好比：

“能发信息时就绝不会打电话。”

“公交车上身边的人突然间挪到旁边的空位，就会忍不住想是不是我哪里不太对。”

“明明还有疑问，但因为不想引起注意就咽进肚子里了。”

条条命中，膝盖中枪。

其实很多人都是这样吧？

有点内向，有点敏感。

害怕跟陌生人交流，和陌生人面对面吃饭的时候会紧盯着自己的手机，哪怕只是简单地滑动屏幕也好。

过分在乎别人对自己的感觉，活得被动，为人处世也小心翼翼。

不喜欢流露自己的心事，怕被人说矫情。

不能接受别人对自己流露出一丝不耐烦的神色，否则就会不断回想自己是不是哪里错了。

内向的尴尬症患者大抵如此。

二、

看到有一段话是这么说的：

其实很多时候我并不能够完全控制自己的情绪，比如说没来由的安静，比如突如其来的丧。

不是矫情，只是心里的确有很多不如意的事情，根本没有办法做到忽视它。

但因为害怕别人觉得自己很事儿妈，所以也不会将它说出来。

慢慢地就开始变得内向，习惯一个人独处。

朋友说她其实就是这种人。

有一次她生日，但她对谁都没有说，打算安安静静度过就算了。

结果组里几个要好的同事号召大家给她订了一个蛋糕，并且在下班前给了她一个大大的惊喜。

她说当时明明心里很感动啊。

可是一群人围着自己唱生日快乐歌的时候她笑得都快要僵掉了，紧张得不知道如何是好。

朋友说，那一会儿她尴尬得面红耳赤。

其实很多人都有类似的感受吧？

接受别人对自己的好的时候受宠若惊。

别人对自己好一点儿，自己就忍不住掏心掏肺，害怕别人“感觉自己吃亏了”。

朋友说，就好像以前大学毕业那会儿，大大小小的东西都需要搬走。

很多人叫了自己的师弟师妹来帮忙，可她却宁愿一个人搬。

因为潜意识里总觉得：不应该让别人来帮自己。

相反，一旦有人提出要帮你忙的时候，你会过分小心，觉得会亏欠别人，完全没有坦然接受被爱的能力。

有时候也会尴尬，因为你不知道如何才能表达自己的感谢。

其实别人顺手帮你人家根本就没有往心里去。

可你就是忍不住想：

糟了，刚才忘记多说几句谢谢，会不会显得太理所当然了？

晚上睡觉前一闭眼，就会想起各种片段，总觉得“当时我要是这样那样就好了”。

反反复复，把一些尴尬的场面来回放映，搞得自己浑身都不自在，但又克制不住地回想，简直尴尬癌晚期。

三、

内向敏感，害怕尴尬，过分在意别人的看法、想法。

其实都是缺乏安全感，是自卑。

正如有人所说：

“从小父母就教育我要独立，从不夸奖，对我严加要求。

我很感谢他们最终塑造成了我现在凡事都独立自主的模样，但我也由此变得内向，不那么自信，甚至可以说是自卑。

不能坦然接受别人的好，不会主动表达自己的感情，觉得害羞，不敢适当地表现自己。”

朋友也说，自己在成长的过程中的的确确面临着这种情况。

比如说，小时候父母长时间争吵，所以开始有了对婚姻的恐惧，对爱情本身感到不自信。

父母爆发矛盾的时候母亲喜欢对自己说：

“要不是因为你，我早就跟你爸离婚了。”

于是她开始意识到自己是一个累赘，遇到事情的时候总害怕自己会拖累别人。

朋友说，这种情况下，她时常具有很大的不安全感。

很多事情她不敢说。

比如说上学的时候不小心磕碰到了，回到家里会被骂贪玩。

因为生病所以考试考砸了回家也不敢说，那是会让父母生气的事情，只要让父母生气就会是自己的错。

她说自己有一次去学校上课，兜里装着十块钱资料费被人偷走了，回到家里小心翼翼地告诉父母，结果被妈妈打了一顿。

骂她："为什么不好好把钱拿好？你为什么要让它给人偷了？"

不懂得凡事皆有意外，遇事想东想西，内向，发生任何事都会觉得是自己的错误，所以尴尬万分。

自卑而又内向。

四、

有时候真的超级羡慕那些可以大大咧咧表达自己情绪的人，能坦然接受别人的好，也可以大方得体地表达自己。

羡慕那些从小就可以和自己的父母表达情绪，可以和父母做朋友的人。

朋友说，自卑和不安全感给自己带来的是在所有事情上不自信。

想去参加比赛，总觉得自己不行的，要不算了吧。

想去报名参加社团的活动，回头想想等自己准备充分了再说吧，然后就没有下文了。

强烈的不安全感有时候也会带来很多被动的东西。

害怕自己不经意间得罪别人，变得内向，与人相处的时候被动而又小心。

害怕丢了手头上的工作，所以面对委屈的时候默默承受，委曲求全。

缺少去面对的勇气，变得羞涩而内敛，常把错误归结于自己。

一点点温暖都觉得是莫大的宠幸，一点点靠近都觉得别人不怀好意，想要远离。

都是安全感惹的祸。

五、

前段时间看到朋友圈一位师姐发了动态。

她参加了一个小地区举办的唱歌活动，并且还得了奖。

我想起上大学那会儿，她很内向，上台演讲都会满脸通红，轻声细语。

而现在她站在聚光灯下拿着一个奖杯，笑靥如花。

于是我突然间想到，上面那种状态，其实是可以走出来的吧？

其实跟你我一样普通而又毫不起眼的人，也完全可以完成光芒四射的事情。

你不尝试踏出第一步，就会永远在自己的怪圈里沉寂下去，可能会越来越糟。

内向孤独，害怕尴尬，不管做什么事情都想东想西，小心翼翼，这并非是你的本意。

不妨让自己大胆一些，想明白了：

其实你在很多人眼中并不瞩目，很多困扰，只是因为你太过敏感而已。

想让自己活得耀眼一些，大概要从走出内向和自卑开始。

你是内心过分敏感的人吗

一、

看到过这样一个话题：

作为一个内心过分敏感的人是一种什么样的体验？

有一段话是这么说的：

过分在乎别人的喜怒哀乐，脑海里各种回放的剧场，不断循环，很多时隔多年的尴尬场景回想起来还是觉得别扭万分。

会因为别人的一句谢谢而开心半天，也会因为别人一句不耐烦的话而回想半年。

一旦自己做了什么蠢事，那个场景就会接连不断地在自己的脑海里回放。

有时候甚至十年八年，再想起来都能深刻地体会到自己当时的愚蠢。

活得拧巴，又觉得自己矫情。

很多人都是这样吧？

明知道这样不好，多疑，缺乏安全感，活得不开心。

羡慕那些大大咧咧什么都不在乎的人，但自己又好像做不到。

一躺上床，刚闭上眼睛，情绪就开始自我拉扯。

有时候也忍受不了自己这种性格啊！

常想把自己扭正过来，但也常常无可奈何，根本无法改正。

二、

朋友说其实一个人内心敏感，跟他内心隐藏的自卑是分不开的。

她说：

“就像我，有时候我会极其在意别人的评价，特别是一些负面反馈，这会让我一段时间内都无法正视自己。”

而到了行为上就好比：

一个人走路，如果不拿着手机就不知道手该往哪里放。

回别人信息的时候要斟词酌句，害怕引起误会，常常觉得上一句的语气有点生硬，于是紧跟着一定要发一个缓解生硬的表情。

公开被表扬的时候会有很多人注意到自己，这个时候不觉得开心，反而觉得万分尴尬，如坐针毡，恨不得立马消失。

很多时候，与人交往时也都处于一种被动的状态。

朋友说别人问自己能不能陪她出去逛街，能不能陪她出去买衣服，她基本上都会答应下来。

不敢开口拒绝，因为觉得不管怎么开口，别人都会很不开心，会觉得那是借口。

哪怕自己当时完全不想出门。

甚至于因为手头有重要的事而拒绝了别人之后，总会不断地想东想西。

“刚才拒绝的理由是不是说得不够充分？早知道再多解释一下就好了。”

平日的生活里也总是抱着这样的心态：

“她刚才看我的眼神好像怪怪的，是不是我不经意间得罪她了？”

“咦？今天她见到我的时候怎么不跟我打招呼，是不是觉得我很烦？”

“为什么她跟我聊天聊一半就不回我了，还点赞了别人的朋友圈，是不是我刚才说错了什么？”

诸如此类，把自己放在一个被动的位置，敏感而又多疑。

不敢主动要求别人什么，遇事常注意别人脸色。

怕麻烦别人，也怕被别人麻烦。

重要的是，但凡有人主动提出“让我来帮你”或者“让我陪你一起去吧”这样的请求，你会感觉受宠若惊，无从接受。

一点点关怀就让你敞开心扉。

难过总比快乐来得深切。

悲观的敏感患者大抵如此。

三、

朋友说，很多人跟这样性格的自己相处久了，会觉得自己很懂事，很体贴。

她朋友就经常跟她说：

“跟你在一起的时候感觉你好成熟，什么都顺着别人的意思。不争不抢，感觉你这种心态真的好棒。”

她说其实不是的。

不是天生就体贴懂事，不是自己心态好。

而是因为自己可以敏感地察觉到别人的情绪，牺牲自己，尽量顾及别人，而且还要做到不被别人察觉，以免尴尬。

她说就好像以前上大学的时候，协会的师姐让自己帮忙去做一个采访。

她本来想拒绝，但又害怕对方失望，所以就答应下来。

于是一整天下来跑东跑西，因为她对采访项目不太熟悉，所以中途搞砸了好几次。

协会的会长对师姐大发雷霆，说：

“你怎么找了这么个不熟练的帮手过来？这不是在浪费大家的时间么！”

她说自己当时心里内疚万分，尽管后来师姐一直跟自己说没事没事，但她的眼泪忍不住夺眶而出。

好丢人。

她说现在回想起来这个场景都觉得好丢人，非常尴尬。

觉得自己怎么就这么蠢，什么都不会，只会拖累别人。

即便是在帮别人的忙，也会因为没有做好而内疚万分。

她说：

“对啊，我知道我明明是帮别人忙，虽然尽力了却没有帮好而已，其实不必那么记在心上。

但我就是觉得难过，觉得对不起别人，觉得很不好意思。”

这大概是所有内心敏感者的日常。

四、

有人说：

我们这一代人，从小父母老师都会严格要求自己，正因为如此，我们才能够养成现在独立自主的模样。

但反过来讲，我们这一代人，大多数人从小缺少肯定，所以一旦在一件事情上得不到赞同时，就会过于焦虑。

事情稍有不如意就容易怀疑自己，得不到反馈的时候就很容易放弃。慢慢地，就变得自卑而敏感。

朋友讲了印象深刻的一次。

上大学时，有一次她的论文报告拿了个省级的奖项，她导师夸她写得好。

她很不好意思地说：“没有啦没有啦。”

导师很惊讶，说：

“为什么你会说没有呢？写得好就是写得好，这种赞扬是你应得的。”

她说那个时候她才猛然间想到：

“对啊！这么多年，我从来都没有正面肯定过自己。”

习惯把错误归结于自身，习惯自己不断纠结，习惯想东想西。

却唯独忘了自己明明已经做得很棒了。

就是这么自卑、敏感。

五、

看到过一位朋友发的动态，是这么说的：

有时候回想起来会觉得很奇怪。

一开始相处，人和人之间因为敏感，过多地在乎别人情绪，所以看上去好像和对方关系很好。

但时间久了会觉得累，这种营造出来的关系反而会让人感到生疏。

反而是一开始觉得累，不想去伪装所以就想着“试着处处看”的朋友，到最后却成了真正的伙伴。

其实你也发现了吧?

过分敏感，与人相处时会觉得累，觉得难。

缺少肯定让你焦虑，所以才会自卑。

不妨让自己从这种情绪里走出来吧。

把善良用在对的人身上，把肯定别人的话多用于肯定自己。

想活得大方自然，大概应该从学会认同自己开始。

02

长大后，我们丢失了自己的理想

人这一生为什么要有理想

热闹都是他们的。

这世界上所有的东西，别人拥有的东西，琳琅满目，千奇百怪，没有一样属于你。

朋友说：一毕业出来，刚走进社会几年，就开始被生活拖拽得没了脾性。

每天顶着黑眼圈坐地铁到公司，晚上从公司到出租房，如此往复，没有尽头。

很多人一毕业，面向社会，生活就变成了一条单调延伸的直线，没有电影，没有假期，两点一线地奔波劳累，倦怠成狗。

于是某些时候，你开始觉得努力失去了意义。

努力能做什么呢？

什么都做不了。

人来人往的钢铁城市，一腔热血喷出来，比牛粪凉得还要快。

生活从头到尾都在给我们灌输一个道理：

努力了不一定会成功，但如果你不努力，维持现状似乎也有个平平淡淡的好生活。

临近毕业，跟舍友夜谈，说将来何去何从。

当时尚且迷茫，但多少也知道一些。

记得当时讨论的问题是：

我们该找一份世俗意义上的好工作、铁饭碗，还是应该自己摸爬滚打，努力寻找一个可能光明也可能昏暗的未来？

毕业很快让每个人都交了一份不同的答卷。

我相信你身边不乏这样的人：

一个人毕业出来，推掉了家里的各种安排，只身一人扎进社会的旋涡，每天起早贪黑，不知道图的是什么。

我身边也有这样的人。

图的是什么呢？

有次问及，他的回答是：图一个不让自己后悔的未来。

毕竟，这世界上最令人沮丧的事情并非失败，而是我本可以。

我本可以做到，但因为安逸而放弃了努力，远离了自己想要的生活。我本可以做到，但因畏惧不前而错失了机会。

有个朋友学财务管理的，他喜欢画漫画。

搞创作的都知道，靠稿费吃饭，容易饿死人。

可他不信邪。

毕业的时候推掉了家里找好的工作，找了一份设计的工作，开始从底层干起。

学过美术，有基础，但对于刚毕业出来的他来说，经历犹如一张白纸，什么都要从零开始。

问他累吗？

他说当然累。

出来喝杯东西，他眼睛里布满血丝，长时间熬夜导致他精神不佳。跟他说注意身体，别太拼了，他说不行。

他说，我不努力，就配不起我之前信誓旦旦说要实现梦想的豪言。

而梦想一定会实现吗？至少从目前情况上来看，难度是很大的。

他从设计工作里汲取知识技巧，从脑袋中榨出灵感，在业余时间里挤出一幅幅无人问津的漫画，他自己心里头也知道，纵使走到最后，也不一定能熬出头。

可是……不想有遗憾啊！

不想活到三四十岁，生活轨迹既定那会儿，回头望过往的种种，发出这样的感慨："本来，我能活得更精彩一些。"

另外一个例子，来自于大学协会里的一个师姐。

那时候我上大三，师姐大四，她的同学还在学校上课那会儿，她就已经开始实习，每天在半个城市之间来回奔波。

师姐人很好，开朗、活泼，但一工作起来不要命一样，又快又狠。

后来说起这个问题，她的回答是：

“你问我为什么这么努力？

很简单，因为我要赚钱。”

跟她的性格一样，简单粗暴。

是的，就是想要赚钱。

不努力，你的确可以过上平平淡淡的生活。

但世界上最可怕的事情，就是把平平淡淡当作真理。

师姐说：“努力，不一定让你爬上自己想要的位置，但起码能够让你在生活中拥有相对的公平。我家里没什么背景，经济上也没什么实力，要想争得过别人，就要学会在别的地方比别人多展示点优势。”

“别人难考的证，我拿到了；别人要靠关系才能过的测验，我一个人通过了；别人可能花很长时间才能达到的一个目标，我争取早点把它完成；这就让我争得了一丝机会，这一丝机会不一定能成就我，但一定能够让我不必像现在这么艰难。”

“起码，钱够花。”

认识一个妹子，跟我同岁，低我一级，年前也出来工作。

她老爸老妈对她的规划是，考个公务员，找个条件好点的男生嫁了，一辈子就衣食无忧。

但是她不愿意。

她独自一人出来，每天工作十几个小时，为的就是证明单单靠自己，也能够赚钱，过上自己想要的生活，而不是靠嫁一个人，靠一份铁饭碗来混过自己的一生。

她说："失败能怎么样？最难过的结局，不过就是你没有自己想象中的结果而已，但有些事情它就是这样的，付出了就一定会有一个结果，不管这个结果是好是坏，你兜兜转转，总该是得接受它的。"

之所以这么努力，是因为想给生活不自量力的一击。

之所以这么努力，是想要在某一天，能够毫不眨眼地给老妈老爸买昂贵的衣服，而不再是口头说说。

之所以这么努力，是想要属于自己的生活上的自由，想要让自己从大多数人的生活圈里跳脱出来，活出想要成为的自己。

之所以这么努力，是因为我一口气尚存，纵使永远都不能实现，也想趁着热血还在努力一把。

之所以这么努力，是因为要将自己融进生活当中，用各种各样的事情将自己填满塞满，孤独和寂寞也就不那么可怕。

我相信，人的一生总会遇到这样的时候，你犹豫，你踌躇不前，你内心兵荒马乱，你不知道努力的结果和意义，你迷茫，你失措。

而这个时候的你在别人看来，不过是沉默了一点，懂事了一点。

没什么奇怪，生活中是没有感同身受的，倘若你的选择是拼一把，那你要记住：

长路漫漫，未必有人帮你。

你越去爱的东西，它越避之不及；你越在乎的事情，它折磨你越痛。

而如果你做好了所有准备，那么祝福你，愿你和你的梦想，通过你的努力，有一个最好的结果。

长大后，我们丢失了自己的理想

前天晚上，在微信上跟朋友有一句没一句地闲聊。

他发过来一句，说：

“生活真是奇怪，一个人穷尽一生，就是不断扔掉自己童年后整合起来的理想。”

突然想到了好多事情。

想起了十六七岁时候的豪言壮语，想起了毕业前几个人碰杯时候的满怀期待。

很多东西，都是在念念不忘的时候被我们给忘记了。

一、

前些日子回学校交一些实习资料，几个朋友好不容易聚到一起。

聊天的时候，开玩笑说起大家都是社会上夹缝求生的大学青年，一些话题就这样展开了后续。

一个朋友说，毕业后的生活就像套上了缰绳的野马。

每天都是紧绷的状态。

上班，工作，然后挤地铁下班。

她说其实每天的工作也不算非常繁重，但就是这种简单的重复，仿佛抽干了所有的力气。

一回家，躺倒在床上，就不想起来了。

以前上大学的时候，下了课会去操场跑步，去图书馆看一会儿书，回宿舍看剧等等。

那时候会有很多想法，比如说一年后要做什么啊，将来要从事自己喜欢的职业啦什么的。

现在好像没有那种天马行空的时候了，更多的时候觉得迷茫，一眼就可以看到自己往后几年的生活状态。

想要冲破这种漫无目的的束缚，可辞职了又意味着吃不起饭。

但每天这种重复而又枯燥的生活，又让自己觉得很烦。

感觉上，自己长大后的生活，就像是在丢掉以前那些稀奇古怪的理想。

她讲自己有一次，在地铁站旁边看到一对母子。

母亲的年纪已经很大了，走路腿脚不便。

她的儿子二十来岁的模样，就那么站在他母亲的身边，全然不顾旁人的眼神，对着自己母亲破口大骂。

不外乎说你这么老了得了这么严重的病谁能负担得起，还不如趁早死了算了之类的。

言语简直不堪入耳。

朋友说不知道为什么，她当时心里特别难过。

她想帮那个老母亲一把，但她什么都没有。

她口袋里只有用来吃饭的十几块钱，就算把这十几块钱拿出去，也是杯水车薪帮不了任何人。

那天她自己回到出租屋，蒙着被子大哭了一场。

她说：

“我哭不是因为我有多难过，而是我突然间意识到，这根本不是我想要的生活。”

“可我什么时候才能拥有自己想要的人生呢？”

生活的压迫之下发出的呐喊，往往也让人心头一沉。

更何况，它偶尔还吃人，连渣都不剩。

二、

另一个朋友说：

以前的时候没那么多要想的东西，不像现在一样，每样东西都要求有一个好的结果。

大三那年，想去旅游，她和舍友两个人说走就走，兴致勃勃地跑到了苏州。

刚好是冬季，气温骤降，一路上都在下雨。

朋友对她说：

“等我们毕业，赚了钱就去更远的地方吧。”

她回答说：“我们去学人家周游世界。”

那时候脑袋里揣着好多浪漫的想法。

车子穿过带着雾气的古镇，她们还饶有兴趣地下车，给笼罩在烟雨中的小镇拍一张朦朦胧胧的特写。

但出来工作之后，一切都变得不那么一样了。

生活中大大小小的事情开始充斥着自己的每一个瞬间。

要惦记着交通卡里面还剩下多少钱，要给自己买几件体面的衣服，要记得买点干粮储备，要盘算还剩下多少钱。

她说自己毕业之后，在一家公司当网络编辑。

每天就是去搜集一些网络上的素材，然后写一些干货类的文章，放到公众号上给人看。

以前上学的时候会写自己喜欢的东西，刚接触到这份工作的时候，感觉自己像在做喜欢的事。

但现在好像不那么一样了。

每一天，去网上翻找内容，下午到晚上甚至熬夜去写，第二天发布。

更讽刺的是，总有人说：

“真羡慕你呀，做的是自己擅长而且喜欢的工作。”

但事实上这种重复而又枯燥的工作几乎跟创作搭不上边。

而更奇怪的是，一开始的热情到现在慢慢退却，自己完全没有以前那种想要冲动一把的感觉了。

总是想着：要不就这样吧，不好也不坏。

就算冲动一把，辞职过后，说不定下一份工作更差呢？

因为总想着结果，背负着渐长的责任，早些时候激情四射的幻想和干劲，不知道什么时候就消失得无影无踪了。

三、

也有人开口说：

“其实毕业后的生活之于我们，除了现实和理想的冲突之外，还有一点，就是意味着很多人和事要挥手告别了。”

他说自己以前的时候有一群高中时代玩到现在的朋友。

大家一起上大学，都在一个大学城里，时常聚一块儿，插科打诨，什么话都能说。

毕业那年，大家互道保重，有人要回老家，有人要去深圳上海，有人考研，有人出国留学。天各一方。

那个时候有人说，时间和距离会导致一些东西渐行渐远，他说自己不信。

一开始在群里，大家都会各自交流自己的心事。

比方说某某去肯德基做兼职，遇到了烦心的熊孩子。

又比如说谁因为某些鸡毛蒜皮的小事被上司骂了一顿，因为要加班不能跟女朋友约会所以处于冷战中，等等。

到后来，不知道从哪一天起，联系就慢慢少了。

更多的时候，盘算着自己要面对的当下生活。

相比之下，有些东西像抽丝剥茧般，慢慢抽离了自己的世界。

然后就到了某一天，大家趁着过年假期，约出来见面。

以前嚷着要自由不受拘束的朋友，现在已经是白领一族，朝九晚五，规规矩矩。

想要当江洋大盗的，成了小区门口的保安。

想当作家的，每天通宵在写字楼里赶各种文案。

那些深夜畅谈，挂在床铺上的各种幻想，泡沫一样破灭了。

他说其实人到了一定的年纪，越往后走就越是一个逐渐丢失的过程，很多以前抓住不放的东西，随着时间流逝，该放弃的时候你就放弃了。

以前我以为，这种负能量只有少数人存在。

但实际上，很多时候，我们都为此而驻足不前，常常觉得失去了什么东西。

但话说回来，其实很多时候，一些东西都是我们这个年龄阶段应该去面对的。

举步维艰的时候，不妨也想想。这个世界上真的有人正在过着你想要的生活。

但愿那个人可以是你，但愿那个人应该是你。

青春里有哪些让人难忘的瞬间

一、

前天闲来无事，躺在床上玩手机，翻到了一个很久以前收藏过的视频。

是在高考前夕。

校方为了缓解学生的考前压力，弄了一个大大的投影仪，在宿舍楼的墙壁上放周杰伦现场演唱的《默》。

趿着拖鞋的男生女生都挤在宿舍的走廊上，顶着湿漉漉的头发，迎着晚风，盯着宿舍楼墙上放映的影像。

人头攒动，一群女生喊："来了，来了，要来了。"

然后就是歌曲的高潮部分。

所有人不约而同地，齐声高唱。

男生的声音盖过女生，风滚草一样传遍了整栋宿舍楼。

一片嘈杂中，一个女生一边唱，一边对自己身边的人说：

"怎么办，我快哭了……"

突然间就想到了十七八岁那年，参加高考时候的模样。

前段时间跟朋友聊天，说高考又要到啦，没想到一晃就好几年过去了。

我们讲到好久以前的班主任，班级里的捣蛋鬼，逗得彼此哈哈大笑。

她说：

“上高三那会儿，我同桌想跟隔壁班一个男生表白。

我们几个要好的朋友，五六个人，在上课的时候传纸条，要商量整整一个下午。”

是这样吧？

下午的教室，后排闷头睡觉的男生，吱呀作响的老旧吊扇，楼下是上体育课学生的嬉笑打闹声，窗外的树叶比阳光茂盛。

大概就是所有人青春的模样了。

二、

青春里有哪些难忘的瞬间？

朋友说：

高三那年，每天晚自习都要到十点多才能回宿舍就寝。

结果有一次，不知道为什么突然间停电了。

整个教学楼一片嘈杂，电路一时半会儿又修不好，老师不得已让所有学生提前回寝室。

一瞬间，教室爆发出了一阵惊喜的欢呼，所有人激动得像被大赦特赦，一个个趿着拖鞋跑回了寝室。

她说：

不知道为什么，那一瞬间的喜悦我到现在都记得一清二楚。

大家从教室里蜂拥而出，七嘴八舌地拥向宿舍区，有人在昏暗的楼梯里吹口哨，身边人相互提醒不要踩错阶梯。

大概学生时代最令人难忘的瞬间，往往都是些不经意的细节。

她说，后来啊，那栋教学楼就接了一个备用电源和发电机，再也没有过突然停电的晚自习。

再后来，发现往后的任何一次惊喜，都不会比那个晚上给自己带来的喜悦更多。

也有朋友说：

其实学生时代，也没有多少刻骨铭心的时刻。

记忆中只有昏昏欲睡的下午，晚自习下课后喜欢的男生从拐角经过，古板的数学老师，还有藏在书桌里的翻盖式手机。

这就是青春的模样了。

而那时候最难忘的，就是上晚自习的时候老师给所有人用多媒体设备放电影。

把教室的灯关了，一群人聚精会神地盯着屏幕，一部电影翻来覆去地看好几次也总看不厌。

她说：

那时候明明什么都没有，却拥有可以整晚整晚浪费的时间，以及对未来懵懵懂懂的想象。

三、

想起在微博上看到的一段话：

至今为止，跑得最快的一次是在高二的晚自习上。

那时候教室电路故障，老师没办法只能提前放学。

一群人晃晃悠悠地走到校门口，突然间来电了，所有学生面面相觑，一瞬间撒丫子向外狂奔。

那时候回头看着空荡荡、明晃晃的教学楼，第一次觉得自己跑赢了光。

大概是这样的感觉吧？

朋友说那时候，自己的同桌喜欢班上的一个男生，很多同班同学都知道。

结果有一次上课，老师叫人起来回答问题，刚好就点到了她同桌。

同桌站起来，愣神，说不会。

老师又点名，不偏不倚，点到了她同桌暗恋的那个男生。

结果呢？

一群人都在底下不怀好意地咳嗽，整个班都在偷笑，还回过头来不时地用眼睛瞄着他们两人。

老师觉得莫名其妙，听着此起彼伏的咳嗽声，骂了一句：

你们都得了肺炎还是怎么着？

结果全班哄堂大笑，男生一脸疑惑地看向她同桌。

而她同桌羞红着脸，说当时恨不得在地上找个地缝钻进去。

她说：不知道为什么，我印象最深刻的就是这一瞬间。

青春年代那种藏在心底的暗恋，身边死党一个个帮忙遮掩，暗地里又小心翼翼地帮忙成全。

带着嬉笑打闹，又没有任何坏心眼的时刻，在十七八岁往后的日子里，便再也不会有了。

四、

也有人说，路过一家精品店，在里面撞见几个穿着校服的高中女生。

她们在一起挑五颜六色的毛线球。

一边又询问店主说哪些用来织围巾比较好，然后低着头商量好半天，最终她们决定买纯白色的。

店主开玩笑地问她们说：“你们会织围巾吗？”

当中有一个女孩子说：“我们可以在网上看视频学呀。”

店主说：“哦这样啊，那你们是给喜欢的男孩子织吗？”

几个女孩子相视几眼，其中一个用手肘轻轻碰了碰前面那一位的手臂。

“没有啦没有啦，是织给自己的。”

说这话的女孩子买了单后，拉着后面一群偷笑的人往外走，气急败坏地说：

“笑什么，有什么好笑的！”

也记起了前段时间下班，在地铁上遇见了几个高中男生。

他们在讨论周末班级组织去爬山的事情。

有几个男生正在给其中一个男生制订计划，说等明天啊，我们去把她宿舍的人都支开，你记得把握好机会。

还说什么翘课跟你去商场买了巧克力，要记得好好送给人家。

突然间有点感慨。

想起后来，那种好几个人为了你喜欢的人出谋划策，一群人为了一次校外活动而兴师动众的时刻。

再也不会有了。

五、

看到过这样一句话：

其实啊，青春就是许许多多时刻拼接起来的一个阶段。

做不完的广播体操，被窝里藏着的漫画书，背着父母藏起来的日记本。

没有狗血的剧情，没有激情的拥吻，没有撕心裂肺的堕胎。

甚至于，没有恋恋不舍的道别。

我们只是在某一刻，在黄昏下，在校门口。

我们踏上各自的路程，面带笑容地挥手告别。

而那一刻的我们还未曾想到，有那么些人，其实我们已经见了这辈子的最后一面。

毕业对你来说意味着什么

周末被朋友拉出去吃饭，一群人，说起毕业后的各种现状，大都唏嘘。

都说“剑未佩，转身便是江湖”。

是这样吧？

生活是一汪混浊的水，我们每个人都在这里抵死挣扎，脱胎换骨，偷一口气重生。

大概是很多人的切身体会。

一、

毕业对你来说意味着什么？

想起自己一段时间前，跟同事在公司加班，忙碌到深夜。

等工作结束，对面写字楼灯火稀疏，我们一边沉默地走到楼下，一边用各自手机上的打车软件叫车回家。

拐角走出大楼的时候，同事突然说：

“感觉都快到夏天了。”

南方的季节，尤其是在深圳的沿海一带，气温上升毫无预兆，才四月份，一个个就短袖短裤地出门。

于是我突然间想到，去年临近毕业的时候，大概也是这种天气。

谁能想到，快一年的时间过去了。

刚毕业时候的模样我到现在都还记得。

那时，我应聘到一家网络公司上班。

那时，我工作的职位有个好听的名字，叫网络编辑。

是的，我曾在几篇文章里调侃过自己，说当时的工作是：

“休息五分钟，工作十小时。”

真的就是这样。

每天复制粘贴，把一些不知道什么东西的文字贴到网上，起一个标题，说是给网站引流量。

这是一件很恐怖的事情。

在常人看来，你好像是在做着一份有激情、有创造力的工作，但其实不是。

你只是在简单地重复。

早上起来，赶公交地铁，到公司上班，机械而重复地工作。

下午到点下班，赶上晚高峰，到出租屋里瘫倒在地上，半天都不想起来。

这就是你一天的全部了。

以前上大学的时候，喜欢看电影，喜欢逛街，偶尔也看看小说故事。

但现在除去工作以外，几乎就没有什么活动了。

不要说什么爬山、踏青之类有意义的活动，一天十小时的时间下来，连洗个澡的力气都没了。

一到周末就想在床上睡到天荒地老，想彻彻底底地放空自己，免得在这种机械化的生活中濒于崩溃。

后来，为了脱离这种状态，辞职，重新找工作。

背着书包，在车来人往当中汗流浃背地穿梭。

而毕业的意义，我也是直到现在才明白：

以前总认为，自己到了一定的年龄就会长大。其实不是的。

在学校上学的时候，我们有靠山，考试不挂科就可以了。

等到你出来工作，你才会发现，很多事情你要自己去学，去争取。

这就是毕业之于我们的意义。

成长，说到底是一个心态，是一段经历，它再也不是一个年龄。

二、

朋友也说，说起毕业，总要谈到最难挨的那一段时间。

以前大学老师会跟班里的人说：

大学四年，大概是你们人生之中最开心、最舒服的一段时光了，你们得好好珍惜。

朋友说那时候觉得自己工作以后也未必难熬。

那时候觉得，工作应该是像电视剧演的那样，住在一个青年公寓里，有很多志同道合的朋友。

早起上班，再精神满满地下班，空闲时看一部电影，泡一杯咖啡看一本书。

但真正工作之后，她突然间发现：

每天，每周，每个月都有不同的工作在等着自己。

等你拖着疲倦的身子下班，打开出租房的门，看到房东贴在门口的收租告示，才意识到又一个月的时间过去了。

生活用品没了，自己要记得去买，电费水费到时间了，要记得去交。

她说更重要的是，钱往往都不够用。

生活中各处都需要钱，不管是电话费还是交通费，房租还是日常的吃喝，几乎没有任何剩余。

别说什么贵一点的化妆品和衣服了，一个人在外最害怕的就是生病感冒。

去一次医院要花一两百块，接下来就得省吃俭用好长时间。

她说：

“那时候我根本没有想到，毕业之后的我，竟然会连一场病都看不起了。”

她说今年的毕业季又快到了，前段时间她亲眼见到来银行面试的一位女生。

穿得很正式，小心翼翼的样子，额头上渗着汗珠。

人事部让自己去通知那个女生，说要等前面三个人面试完以后才能轮到她。

女生点点头，就那样坐在椅子上，脱下自己的平底鞋，换上了面试要穿的高跟鞋。

可能是因为赶路很累，换完鞋子之后的她就那样坐在原地，任由鼻子上的汗珠渗出来，发了好长时间的呆。

朋友说，虽然这是一个再普通不过的小事，但是她看得莫名心疼。

女孩子倔强地踩着高跟鞋的样子，皱着眉头的模样，疲倦的脸色，几乎都来不及掩饰。像极了当年到处面试时候的她。

三、

另外一个朋友则说，说起找工作和面试，他就想起刚毕业那会儿，他跟舍友两人同时收到了一家银行的面试通知。

两人一起去面试。

但因为天气太热，面试时候又要求穿正装，所以他们就穿着短袖短裤出门，正装放在书包里。

说打算到了那边，找一个卫生间换。

结果因为公交堵车，去到那里之后也人生地不熟，来不及找厕所换衣服。

于是他们两个人跑进了一条巷子里，手忙脚乱，当场脱了裤子，换上正装。

他说：那时候没想那么多，就是很害怕失去这个难得的面试机会。

他说毕业之于他，大概就是一个改变的过程。

突然间从学校到工作，突然间明白机会要靠自己去争取。

再也不是可以依靠父母的人了。

毕业就意味着，是时候接受现实了。

是这样吧？

以前的时候我总以为，生活是充满活力的。

等到毕业之后才发现，这种实实在在的疲倦感，几乎存在于每一个人身上。

生活总是如此，每个人都要面对各种各样的压力，接触形形色色的人。

没有人能帮你。

如果你觉得自己并没有很辛苦，那么恭喜你，你真的很优秀。

但如果你觉得压力十足，真的就是这么难挨，也请你不要轻易放弃。

二十几岁的年轻人，血性总是要有的。

像你，也像我。

像条狗，没死透。

正如那句话所说：

剑未佩，转身便是江湖。愿你出走半生，归来仍是少年。

共勉。

毕业季有多少难忘的瞬间

前段时间整理旧手机的相册，突然间翻到了高中时期的一些毕业照。

看上去都很稚嫩的样子，一群人在高考结束后的教室里收拾书桌，地面上是散落一地的模拟试卷。

所有人的笑容都定格在黄昏洒进教室的那一刻，空荡荡的讲台，黑板上的高考倒计时被擦掉一块。

想起几年前高三班主任就站在那个讲台上，对着十七八岁的一群人说：

“以后啊，等踏出这个教室门，你们这个班，基本上就聚不齐了。”

突然间有点感慨。

年复一年，春花又暖，夏叶渐长。

那时候我们还不知道，所谓别离，其实就在一瞬间。

一、

跟朋友吃饭的时候，说起学生时代的事情。

她说记得有一次，高二年级举办合唱大赛，给了好多首备选的歌曲。

结果他们班长发动了全班，不挑学校给的那些歌曲，就要大家一起合唱《七里香》。

她说：

现在想想啊，有些热血和冲劲，真的只有那个年纪才有。

那时候班主任反对他们选的歌曲，他们班长和几个班干部扛着压力，说不管，我们就要唱这首歌。

为了劝说班主任，他们在晚自习的时候写了一张申请书，偷偷在课桌间传递。

每个人手里拿着的笔都好像牵系着好多人的期盼，大家都默契地在申请书上面，郑重地签下自己的名字。

后来班主任被这群人的举动逗乐了。

开班会的时候，她又好气又好笑地说：

“管不了你们啦！你们爱唱哪首歌就唱哪首歌吧。”

全班爆发出胜利一般的欢呼。

她说那一瞬间，感觉到那种几十个人一起发自内心的欣喜，很多年之后想起来还是能感受到那种喜悦。

那种眼睛放着光，让人激动而又兴奋得大叫的时刻，烙印一般，深深地印刻在自己的脑海里。

朋友说：

那一次，整个年级都规规矩矩地唱着年级主任给他们选好的歌曲。

只有我们班上台的时候，一开口就吸引了所有人的目光。

看着台下别班羡慕而又诧异的眼神，还有整个年级都在我们的带动下跟着一起唱《七里香》。

那时候，我因为站在台上而激动得热泪盈眶。

在满操场的歌声中，我第一次感觉到那种人与人牵连在一起的奇妙的感觉，那是我学生时代印象最深的一次体验。

后来，他们班因为没有按照备选歌曲合唱而没有获奖。

但所有人都记住了高二六班这个名字。

以至于到毕业前，分道扬镳的时候，学校放了他们合唱比赛的视频。

等看到“高二六班”和“七里香”的时候，整个年级的人在偌大的多媒体教室，都跟着齐声唱了起来。

一些女生唱到一半，泣不成声。

她说后来想起这段回忆，还是觉得很感动、很梦幻。

当然，学生时代的我们看起来是很傻，傻得又认真又好笑。

但那些一群人毫不犹豫为了一件事而满怀默契地并肩前行的时刻，从出了校门往后，就真的再也遇不到了。

二、

也有朋友说，想起自己上高中那时候的一件事。

那时候上高一，班里有两个女生放学经常结伴走路回家。

结果她们被街口的几个小混混给欺负了，说要收保护费，又要女生的联系方式。

那段时间两个女孩经常放学不敢回家，害怕被骚扰。

这件事情不知道怎么给几个班干部知道了。

结果呢?

他们一群男生私下发动了一个班级大会，最后一致决定，要找那群混混说清楚。

然后他们一群人气势汹汹，不知道去哪里找来了一些木棍，埋伏在路口。

他说：后来，那群混混看到我们人多，对骂了几句就跑了。

但那一幕我到现在都没有忘记，一群人不遗余力地发誓要好好保护另外两个人。

有时候想起来真的很不可思议，大家相互鼓劲，真的就有了那种，要为了保护别人而豁出去的感觉。

这种感觉就好像心里泛着光，真诚而又热烈，那种毛孔舒张、正义感十足的紧张感，后来就再也没有出现过了。

也有人说，想起自己学生时代那会儿，自己的好朋友想要跟喜欢的女生表白。

他们一群人在宿舍商量了好几个小时。

到了表白那天，一些人负责去望风，一些人负责支开老师打掩护，一些人小心翼翼地把那个女孩子叫出来。

所有人各司其职，神情严肃，就好像要上各自的战场一般。

当然，最后那女生并没有答应。

但现在想起来，那种一群人战战兢兢地帮着另外一个人，发自内心地希望一个人好的时候，真的就只出现在那个时候。

它们就好像沙滩边上无声的涨潮落潮，哗啦啦上来，再哗啦啦退下。去了就不会再来。

三、

想起之前在网上看到的，说毕业季你最难忘的一刻是什么。

其中有个人回复说：

喜欢一个男生，毕业前想要跟他拥抱一下。却因为不好意思，所以提出要跟全班人一起拥抱。

等经过他身边的时候，我抱着他，跟他说“保重”。

可那时候我其实想说的是：

“嘿，我好喜欢你呀。”

这个故事也让我记起了高中毕业前夕，同桌约了自己喜欢了三年的女生去操场散步。

他们在黄昏的操场上一圈又一圈地走着，不知道说了什么，女孩子一直在笑。

后来他跟我站在走廊上聊天的时候，我问他："你表白了吗？"

他说："没有啊，就聊聊天，我第一次跟她聊天。"

他说："真好呀。"

后来我再想起那个傍晚。

女孩子趿着拖鞋，顶着湿漉漉的头发，在操场上笑靥如花的时候，大概就是青春里最好的模样吧。

那个时候的我们，懵懵懂懂地憧憬，小心翼翼地喜欢，还有那些真诚而又叛逆的时刻。

在往后的日子里，它们就像停留在空气中的尘埃，存在，又好像不存在。

只是在某个时刻，在街口拐角处看到十七八岁的男生女生从你身边走过。

你才会想起：

青春啊，都过去这么久了。

而那时候我们站在路口，挥手告别的时候，也从来没有想过：

那些说着永远要做朋友的人，往后却再也见不到了。

永远的尽头，原来，只是毕业。

03

再坚强的人，心中都有软肋

成长过程中有哪些残酷的现实

一、

周末加班，在公司里忙到很晚。

一行人走出写字楼的时候，同事突然间问我：

哎，你有没有听说过这样一句话。

说二十几到三十岁这个阶段，是人生中最难熬的一段时间。

承担着渐长的责任，拿着和工作量毫不匹配的薪水。

艰难地权衡事业和感情，不情愿地建立自己的人脉。

他说：不过这一切到三十岁之后就好了。

我问他说怎么就好了。

他回答：

因为到三十岁的时候你就习惯了啊！

几个人稀稀拉拉地笑了一阵，各自拿出手机，用打车软件叫车回家。

突然间有点感慨。

大概这才是生活的本来面目，看不到尽头的枯燥，辗转反侧的煎熬。

还有那些不管如何努力都无法完成的事。

就好像王小波在《黄金时代》里说：

“那一天我二十一岁，在我一生的黄金时代。我有好多奢望。

我想爱，想吃，还想在一瞬间变成天上半明半暗的云。

后来我才知道，生活就是个缓慢受锤的过程。

人一天天老下去，奢望也一天天消失，最后变得像挨了锤的牛一样。

可是我过二十一岁生日的时候没有预见到这一点。我觉得自己会永远生猛下去，什么都锤不了我。”

“变得像挨了锤的牛一样。”

大概就是成长所带来的全部了。

二、

在你成长的过程中会遇到哪些很残酷的现实？

朋友说，最残酷的现实就是，随着时间的流逝，你会发现，你跟大多数人没有什么不同。

一切都普普通通。

她说，从学校毕业出来，工作一段时间之后，她发现了一件很可怕的事情。

那就是从一开始工作到现在，每一天的工作，都是一种枯燥无味的循环。

早上从出租房里出来，挤上早班车的地铁，到公司之后开始整理电脑里的会计凭证。

每天重复做同样的任务，计算同样的公式，然后再给那些账单一一审核。

晚上七八点从写字楼出来，再挤着地铁回去，累得倒头就睡。

她说：以前在学校的时候，觉得工作是很有激情很有创造力的事情。

但长时间这样下来，日复一日乏味的重复，拿着普普通通的薪水，一眼就可以看到自己四五年以后的状态。

这种疲惫感从来都面面俱到，如影随形。

她说以前在学校的时候，觉得自己可以很与众不同啊。

十六七岁的时候，想着自己做自己喜欢的工作，要赚好多好多的钱，买一栋很大很大的房子。

要跟最好的朋友在一起，要在假期的时候去海边，去沙滩上吹吹风。

那时候觉得任何事情只要努力就会有结果。

但毕业后，背着书包挤在人来人往的招聘会现场，顶着火辣辣的太阳，排着很长很长的队伍。

那个时候她说她才猛然发现，其实自己跟所有人一样，即使是一份最普通的工作，也要拼了命去抢。

上学那会儿有父母帮你撑着，你最担心的问题只是期末考试不要挂科，逃课时候不被点名。

可出来工作之后，你开始要事事操心。

钱从来都不够用，可你也要记得交好房租，记得去买日用品，记得生病的时候一个人去看医生。

曾经你以为生活容易，是因为有人替你承受着那份不易。

长大的过程，大概就是你开始学会承担生活的过程。

朋友说：

就好像工作之后的我，才突然间知道，成为一个真正的大人到底有多不容易。

三、

也有人说，其实成长就是一个抽丝剥茧、缓慢改变的过程。

接受以前不接受的事物，理解以前不理解的事情。

朋友说上学那会儿，喜欢和好多人在一起。

喜欢交换心事、交换秘密，那时候有好多朋友，连到楼下小卖部买一包纸巾，都要成群结队地一起。

可后来啊，走着走着就散了。

以前的时候不能理解，为什么曾经很要好的朋友，说离开就真的离开了。

她说前段时间有人组织了高中聚会。

她自然也去了。

好多以前要好的朋友，很长一段时间都没有见面，一开始还很激动。

可她说有时候，时间和距离真的是一个很奇怪的东西。

曾经最调皮捣蛋的学生，变成了一个西装革履的白领。

曾经班级里成绩最好、最听话的学生，现在在夜市摆摊度日。

杯盏交错间，她以前的那群闺蜜死党，有的结了婚，生了孩子。有的出了国，还在继续攻读硕士。

以前一个眼神就能知道对方心里在想什么。

而现在，面对面坐着，连一个共同话题也找不到了。

想起高晓松在《鲁豫有约》时说的：

以前啊，年轻的时候，什么都想懂，什么都想弄得明明白白。

那时候以为四十不惑，说的是到了四十岁，你就什么都明白了，什么东西也迷惑不了你了。

可等自己到四十岁的时候才发现，四十不惑的意思是说，到了四十岁，你就什么都不想明白了。

你连一个人坐在你对面，都不知道他爱你还是不爱你。

所有事情你都可以理解，所有事情你都不再相信。

朋友说，就好像以前我不理解为什么“来年陌生的是昨日最亲的某某”。

她说：“我曾经因为最好的朋友离开而在被窝里失声痛哭，也曾因为失去一个人而辗转反侧。”

“可现在我不那么难过了。”

“我可以接受很多东西，也总给自己留有更多余地。”

所以就好像有人说：

后来啊，我慢慢明白了，为什么长大后的我会变得不快乐。

因此我们总听到这样一句话：

总有一天啊，我们会慢慢变成以前自己讨厌的那种人。

其实也不全是。

只是对于成长来说，它本身就是一个让你变得面目全非的过程。

生活中有哪些看不见的恶

永远不要把一个人想得太坏，也永远不要把一个人的内心想得太好。

嗯，这是长久以来时间教给我们的道理。

生活就像一潭幽深的死水，阳光只照到表面，底下浮浮沉沉，永远有你看不到的地方。

一、

吃饭的时候跟朋友聊起以前的学生生涯，说到了她以前一个初中老师。

是她的班主任。

朋友说那会儿上初三，印象中对方四十岁左右的样子，是一个戴着眼镜、性格古怪的女性。

曾经因为自己的成绩名列前茅，一直担任班里的学习委员。

可到了初三以后，这个新上任的班主任突然间二话不说就把她从学习委员的位置上给撤了下去。

单单是这个也无所谓。

可朋友说往后的一段时间，这个老师开始接连不断地针对她。

明知她个子矮，却将她调到后排去坐，挤在一群高个子男生中间，时常连黑板都看不到。

又比如说上课提问，回答不出来的时候挖苦她，刁难她，让她当众出糗。

更过分的是有一次月考，因为试卷太难，全班平均成绩下滑。

成绩下滑自然就要查明情况，于是这个老师开始询问一些成绩比较好的同学，问他们说是受到了谁的影响。

教唆指使之下，那群学生纷纷说是我朋友害的。

于是这个老师借机大发雷霆，让我朋友当众检讨，顺理成章地将她调到了教室的小角落里。

发动全班所有学生，说不要跟她这种人做朋友，有谁跟她一起玩就要用同样的方法惩罚谁。

朋友说自己被孤立之后，有一次她习题册上的一道题粗心做错，那个老师甚至当堂撕掉了那本习题册，让我朋友从头到尾再做一遍。

那时候朋友家里情况不是很好，父母工资不高，家里还有一个弟弟。

作为姐姐，自然把能让的东西都让给弟弟了，初中三年她喝水都用一个玻璃瓶。

就是那种老干妈罐头瓶，把包装纸撕掉，洗干净当杯子用。

虽然寒酸，但也没有同学笑话过她。

可那个老师却大肆嘲讽。

说你父母真没用，说你家穷酸还不好好读书影响别人学习，甚至破口大骂。

朋友说那段时间真是她的噩梦。

其实她心里知道是怎么回事。

初三要面临中考，很多家长在开学前都会给班主任送礼，可是那时候她家里穷，她知道有这种情况，但她不会跟家里提。

可她也没有想到，仅仅是因为没有送礼，那个班主任就会这样三番五次地针对自己。

甚至因为这个老师的关系，她最终也没能冲击上最理想的高中。

从此以后，她开始变得沉默寡言，很少与人交流。

高中三年，她甚至没有一个朋友。

很长一段时间，她甚至不相信那些在教室里，在讲台上传授知识的老师。

她说直至今日，她还能回想起那段时间的经历，那种被孤立的感觉刻骨铭心。

而且后来听说，那个经常跟家长收礼的班主任生活越来越好，因为带班成绩不错，现在已经是年级主任了。

生活中看不见的恶大抵如此。

毫无疑问，教师是一个高尚的职业，但这并不代表所有从事这个职业的人都可以被尊称为“老师”。

像这种以教师职业来谋取私利，紧紧捂住遮羞布不让人看见的“老师”，他们就是道德上的小偷，比一粒苍蝇屎还不如。

二、

朋友说还有一种恶，叫作纵容换来的恶。

家里来个亲戚家的孩子，把她的化妆品、收藏了三年的限量版海报全给撕烂弄坏了。

朋友发火，熊孩子的家长挺身而出。

“小孩子不懂事，算了算了。”

说要赔钱，熊孩子家长本性暴露：

“亲戚一场，你这个人怎么这么计较？”

“等你自己有了孩子之后你就明白了。”

看到过一个案例，是家里来了熊孩子，用开水浇了别人家的钢琴。

熊孩子家长不仅不教育孩子，还说这是孩子天性好动，甚至还鼓励自家孩子。

结果呢？

那孩子到了商场，看到一架十几万的钢琴，如法炮制，往上面浇水。

熊孩子家长当下就赔了一整台钢琴的钱。

没有比这个更爽的自食恶果了。

可赔钱还是小事，熊孩子因为想要报复差点把女孩推下铁轨，只是因为好玩把一个老人从公交车上推了下去，导致骨折，种种事件不一而足。

这些情况下，稍有不慎，可能就是过失杀人。

纵容所带来的恶果，有时候简直令人发指。

三、

而另一种看不见的恶，叫作自以为是的恶。

看到一篇新闻报道，说的是一个叫阿明的大学生，曾经在英雄联盟里是电信一区的王者，未来想往电竞方向发展，父母不同意。

于是为了让孩子屈服，他们做了什么呢？

父亲找了两个亲戚，说带他去旅游，一路到山东，直接送进了网戒中心。

嗯，就是那个“磁爆步兵”杨永信的网络成瘾戒治中心。

被洗脑，被电疗，这些家长只有一句话：

“还不是为了他好。”

而后来出院之后，出于对电竞的热爱，阿明重新登上了游戏。

这一次父母请来了几个壮汉，将他捆起来，再次送到了网戒中心。

也有人在杨永信事件之后，开玩笑问自己的老妈：

“如果是我的话，你会将我往里面送吗？”

而自己的老妈毫不在意地回答：

“不听话就该送进去电一电！痛又怎么样？电多了就不敢叛逆了。”

她说那一瞬间，面对着把自己拉扯大、陪伴了自己二十多年的妈妈，突然间感觉万分陌生，没有了半分信任。

也许在青春叛逆期的时候，网络再发达一点，让妈妈知道了这个地方的存在，估计自己也会是万千受害者之一吧？

自以为是为了孩子好，为孩子着想。

其实是要让孩子对自己的言语百依百顺，否则电死了也在所不惜。

说到底，世界上既然有千百种美好，就会有千百种隐藏的恶。

看清它，远离它。

想要在一片混浊中出淤泥而不染，大概要从学会独立开始。

陌生人有哪些让你难过的瞬间

一、

逛贴吧的时候看到一个话题，说的是：

有没有一个瞬间，你会因一个陌生人的举动而感到心酸难过？

看到底下有人回复：

在地铁口的厕所看到一个妹子，站在洗手池边，不停地用水搓自己不小心弄脏的袖口。

仔仔细细地用冷水洗了脸，把头发压了压，扎起来，僵硬地对着镜子练习微笑。

大概是赶着去面试，脸上掩饰不住的疲倦，倔强到让人心疼。

尽管素不相识，尽管隔着屏幕，大概也能明白那种感受。

这世界上，每个人都有过得不那么容易的时候。

焦躁的心情，孤独的生活，还有那些无论如何努力也没有结果的事情。

都是我们生活中的常态。

二、

前段时间下班，随便找了一家快餐店应付晚餐。

吃到一半的时候看到外面不知道什么时候来了一对父子。

父亲穿着建筑工人的服装，儿子穿着校服，读小学四五年级的模样，校服看起来脏兮兮的。

他们两人没有走进店里，就站在门口，一大一小，一直看着店家贴在外面的菜单还有价格表。

“十五块钱两荤一素。”

就这样盯着那几行字看了好久。

父亲扭头，不知道对孩子说了句什么，孩子点点头，两个人转身离开。

看着两个人的背影，孩子乖巧地跟在爸爸后面，肩上还背着重重的书包。

突然间感到有点难过。

想起之前那位父亲犹豫的模样，对他来说，大概也只是想带着自己的孩子，吃顿好一点的晚餐而已。

人生在世，但凡是活着，都各有各的难处。

朋友说她在公司加班的时候，叫过一次外卖。

等了好久，一直都没有到，却意外接到了外卖小哥的电话。

小哥在那一头很焦急地说，他已经在商家门口等了好久了，那个饭商家做得很慢，一直出不来，催了好几次也没用。

又很不好意思地说能不能先点一下确认收货，不然他会因为商家出饭出得慢了被扣钱。

朋友很快就答应了。

结果十分钟后，小哥气喘吁吁地把外卖送到，还一直不停地鞠躬感谢。

朋友说从那个时候开始，她才明白，在这个世界上，生活的压迫总是无处不在的。

有时候你觉得微不足道的东西，可能对别人来说却是一次难以承受的损失。

三、

也有朋友说，曾经在大年三十晚上，看到一个蹬三轮车的大叔坐在车上，狼吞虎咽地吃一碗炸酱面。

天气很冷，大叔穿得很单薄，一直在往脸上哈热气。

这个社会上，很多人为生活所迫。

她说，以前上学的那会儿没有什么感觉，后来需要自己面对生活的时候才明白：

成年人的生活里没有“容易”二字。

她说自己刚刚到深圳那会儿，没工作，每天海投简历，六月份的酷暑天气，穿着正装，汗流浃背地挤在各路地铁上。

每天都觉得过得艰难，有那种一个人在一座城市，没有落脚处的慌张感。

二十几岁的人了，想着总不能一有困难就跟父母伸手要钱吧，所以就一直撑着。

每天都累得要死，总感觉明天起来，就要坚持不下去了。

后来她说有一次，在路边看到一个摆摊卖麻辣烫的老阿姨。

老阿姨摆摊的那一条街有很多家卖麻辣烫的，同行打压嘛，老阿姨的生意一直很差。

因为和其他的店家混得不熟，他们就总是到处说老阿姨的东西不卫生、不好吃，老阿姨的顾客越来越少。

有一天朋友面试回来，路过老阿姨的店，看到阿姨一个人在那里呆呆地坐着，就拐进去说想吃点东西。

老阿姨很惊讶，连连招呼她，每一样菜都给了她比别家要便宜的价格。

朋友说自己一边吃，一边跟老阿姨聊了一会儿。

老阿姨说自己家里的儿子生病了，老公又很早出车祸离开，不得已才出来外面摆摊。

但她又不懂得这些小摊小贩还有一些暗中的规矩，所以总是被打压，没什么人来她这里吃东西，不知道该怎么办。

老阿姨还给朋友看了她儿子的照片，擦拭得干干净净，照片上是一个很阳光的小伙。

朋友说，老阿姨对她说了很多话，吃完起身付钱的时候，老阿姨还对她说了句谢谢。

她说：

那时候我才突然间想到，其实老阿姨一个人的时候应该很孤独吧？可能好久都没有人跟她聊过天了。

那时候朋友说，自己才突然明白，在这座城市里，更多的艰难，是我们看不到的。

残酷和不留情面，大概才是生活的本来面目。

四、

想起一个话题，说陌生人有哪一张照片会让你感到很难过？

有一组照片，是一个在西安火车站等待拉货的男人。

在一场大雪里，他打开了一袋饼，就着那些冰冷的雪水，艰难地下咽。

生活纵然有千万种不同，但让人心酸难过的瞬间都是一样的。

去年跨年的晚上，跟朋友路过一家还在营业的商场。

看到商场门口一个断了腿的乞丐坐在地上，他正仰头看着商场上面那些光鲜亮丽的霓虹灯招牌。

一动不动地，就那样看着。

说不出是什么感受，灯火之下，映照出来的都是生活百态。

很多不经意的瞬间，往往总是能让人心头一酸。

五、

朋友说，曾经家里空调坏了，叫了一个修理工上门修理。

看着他很辛苦，朋友专门去楼下买了雪糕上来给他。

她说对方很惊讶，接过手的时候说他家里的小孩子爱吃，他没吃过，原来雪糕这么好吃。

她说：

那时候我才明白，生活纵然有千种不好，也不妨碍我们在力所能及的事情上多给予别人一些。

这个世界上人来人往，每个时刻都来去匆匆。

多大的幸运，就伴随有多大的艰辛。

如果可以的话，不妨对人温暖一些。

自然，也愿你从此往后，永远不再是孤身一人。

世界以痛吻我，要我回报以歌

看到一句话，大概是这么说的：

你抱怨生活不公，吐槽生活太累，那么你得学会庆幸，毕竟生活还留给了你吐槽它的时间。

在这个世界上，有些人艰辛跋涉，有些人被生活摧垮，扛起重压的时候连一声呐喊都来得无比艰难。

你埋怨生活平庸，夜长梦多，又爱谈悲欢离合，说岁月宁静，一切都只是因为你还没有听见声音。

一、

前段时间在网上看到一张街拍，是在西安火车站外等着拉活的男人，坐在台阶底下，顶着寒风，在大雪里吃一袋烧饼，很艰难地下咽。

也看过一些新闻报道，说很大一部分城市的环卫工人，参与城市建设的农民工等等，大过年的时候都没有回家，一个人过。

去菜市场一次买几十个馒头，因为听说大过年的馒头店不开门。

在这个世界上，很多人生活不易。

一个快递员因为送件慢了，被人投诉丢了工作，在雨里号啕大哭。

前些日子微博上的一个视频，拍的是一个送餐员因为送餐超时，害怕被扣钱，害怕被顾客投诉而丢掉这份工作，在电梯里一边踹电梯门一边急得哭出声来。

见过台风里死命蹬着三轮车的街头小贩，也见过在地铁上累得蹲到地面上抱膝而睡的建筑工人。

有些小商贩看上去跟我们父母差不多的年纪，但他们需要风里来雨里去地干活。

这个世界上最大的差别在于，有些人可以在温室里长大，有些人不行。

有些人衣食无忧，有些人在泥泞里爬滚，垃圾堆里刨食。

看过一个关于别人的故事。

说的是在街上撞见两个城管在追一个卖玉米的小贩，一路吆喝要小贩停下来，小贩跑了两条街道，推着车狂奔，最终还是被追上了。

其中一个胖胖的城管往小贩的推车上就是一脚，踢翻之后大喊：

“老子让你跑！让你跑！”

小贩见一车玉米给踏得乱糟糟的，一个三十多岁的汉子，不敢上去阻拦，只能递着烟赔笑，等两个城管走远了，转过身捡地上玉米的时候就哭了出来。

体面的生活，对于有些人来说真的是一种奢望，这才是现实。

世界上哪里有那么多屌丝逆袭的励志故事。

二、

看到过一个关于“星期八”的故事。

说的是在街上见到一个摆小摊的老板和他六岁的女儿。

老板是一个四十来岁的中年人，听说早些时候妻子因病去世了，一个人带着女儿在卖煎饼，赚得不多，住在廉租房里，每天带着女儿来摆摊。

有一天我去买煎饼，看到小女孩很可爱，就一边等一边跟她聊天。

我问小女孩：“你几岁啦？怎么没有去幼儿园上学啊？”

小女孩回答我说：“爸爸说等到星期八的时候我就可以去幼儿园上学了。”

一开始我以为我听错了，又问了一遍，才知道自己没有听错。

我抬头看到老板包含歉意而又遗憾的神情，他笑着对我摇摇头，一瞬间我都懂了。

后来小女孩自己到一边去玩，他一边递给我做好的煎饼，一边对我说：

“得等她七岁我才能送她去学校里读书，幼儿园的学费太贵了，暂时还负担不起。”说这话的时候，他叹了口气。

待走远了，我回头看去，男人还在招呼客人。

其实他心里很难过吧？

爱人在地下长眠，他还有女儿需要照顾。

如果条件足够，他恨不得把自己的一切都给自己的女儿。

可现在，他埋头擦汗，把所有对生活的反抗，都卑微成那一抹包含歉意的苦笑。

三、

朋友说，以前高考的时候，觉得高考很难，几千万人挤破头挤进一个分数线是多么残酷的一件事。

那时候觉得人生最难熬的不过如此了吧？

可等你跨过这道坎，面向大学，走向社会，你才会发现，更难熬的永远在后头。

那挑灯夜战、苦思冥想的三年时光为的就是你最后一次跟别人公平对战的机会。

往后的日子，跌倒了不会有人扶你，吃亏了不会有人帮你。

一切都是你自己应该扛下来的。

生活哪容得你感慨？

朋友也说，毕业往后，生活就像是一个不停转动的旋涡。

你得自己亲身体会一下才知道，生活不是一个玩笑。

每天上班下班，赶早班地铁，回到家里的时候像一条累得喘不过气的狗。

他说自己在一家策划公司上班，每天的工作就是接不完的项目，做不完的策划文案。

晚上七点是正常的下班时间，可他每天都要加班到十一二点。

这个世界上处处都有严格的金字塔制度，你是公司底层，就要承担那些别人不愿意做的、别人可以不做的重活和任务。

这是现实。

而一旦回到家里，躺在床上几乎什么都不想做。

偶尔提早下班，以为几天前下载在电脑上的那部电影可以好好看看，结果客户一个信息过来，部长叫你把文案再修改修改，一晃，又到了半夜两点。

生活被工作挤得满满当当，好像根本就没有休息的时间。

不敢辞职，辞职就意味着付不起房租，任性就意味着要自己埋单。

你也经常怀疑自己，好像一闭眼，就能够想象到自己几年之后的状态。

拿着公文包，挤在摇摇晃晃的地铁上，脑袋里是哪个客户的留言，是某个文案需要改动。

你曾背弃生活，咒骂生活。

你也想过要辞职，去他妈的老子甩手不干了。

但是你发现，日子滑过青年，滑过自以为可以任性的年纪，滑到中年，你发现身边都没有可以依靠的人了，全部都是需要依靠自己的人。

时间于我们的力量，大抵如此。

生活当真是一个永久性的话题。

剑未佩，转身即是江湖。

但更多的时候，一味退却又好像解决不了问题。

“你给我听好，想哭就要笑，其实你知道，烦恼会解决烦恼。”

大概是吧？

“想东想西，实在矫情。必要时关掉手机，断掉一些没必要的联系，扔掉所有负能量，做一些正儿八经的事儿。”

反抗生活，大概需要先接受自己。

再坚强的人，心中都有软肋

你的软肋是什么?

回答问题之前，先来看两个小故事。

公司里有个老员工，同事。

我进来的第一天开始，习惯性地看见他每天加班直至深夜，不论刮风下雨，不论地动山摇，干着比别人多两倍的活儿，眼睛里长时间布满血丝。

自然，他的工作热情也是前所未有的，不管哪里需要帮忙，不管哪里需要应酬，他都第一个顶上。

一开始，有点被他这种过于热情的积极性吓到了。

然而，随着时间推移，我很快发现，他过得并不开心，每天除了工作上的交流以外，大部分休息的时间他一语不发，眉头紧锁。

显然，某种事情困扰着他，而这种事情一时半会儿他又不想分享出来。

恰逢有一天，我文案没写完，留在公司里加班，十一点过后公司里就剩下我们两个，无意间听到他低沉的声音。

是在打电话。

因为工作匆忙，并未刻意去听，过了一会儿我看见他趴到了桌子上，脸埋进自己的胳膊肘里，整个人抑制不住地，在电脑前微微颤动。

他哭了。

后来我听人提及的时候才略微知道一些——这个三十不到的男人，老婆在年前被查出肝癌晚期，时日无多了，巨额的医疗费用压在他一个人的肩头上，还有一个年仅四岁的小女儿需要抚养，若非凭借一口气撑着，精神上早就垮了。

我想起那天晚上，他一共打了两个电话。时间不长，一个可能是给他女儿的；另外一个，大概是给那个原本可以陪伴他一生的挚爱吧？

可是啊……从今往后，接下来更多的路程，只有他一个人走了。

我明白失去至亲之人的感受，大约像一把刀，割过心脏，卡进肉里，抽不出来，搅不进去，连呼吸都是一寸寸的痛。

毕竟：

我曾是你的铠甲，而你永远是我坚强外表下那块柔弱的软肋。

另外一则故事，主角是一个女孩。

女孩有个哥哥，比她大两岁，自小就处处让着她。

有个疼自己爱自己的哥哥是全世界最幸福的事情，以前的时候，她也这么想。

现在她不了。

三年前，他哥哥因为一场车祸的缘故，脑袋受损，变得有些痴呆，他总是呆呆地笑着，嘴角咧开，吃饭的时候口水不由自主地淌下来，整个人都木木傻傻的。

她开始有点讨厌他。

她害怕在别人面前提起她的哥哥。

她害怕自己喜欢的男孩因为哥哥而嫌弃自己。

她害怕毕业以后，哥哥会连累到自己的未来。

她很少回家，因为每一次到家里的时候，哥哥会塞着一口袋的白兔糖，也不知道是手心冒汗还是粘着口水，一大团地往自己手里塞。

有一次，她不耐烦地推开了他，哥哥站不稳，经不起她这么一推，磕在门上，嘴里还含着糖“哇”一声大哭出来，她没有去扶。

她就那样冷冷地站着，等到母亲过来对自己破口大骂，唾沫横飞，她二话不说收拾东西，连夜离开了家。

她毕业，她工作，她开始变得上进要强。大家都说她是万里挑一的女强人，是职场上“杀人不见血”的女上司，她全身上下都是铠甲。

可是也有人说，曾经有一次，看见她在厕所里哭了。

那天她接到了家里的电话，是她哥哥打来的。他含糊不清地讲了两个字。

他说："妹妹。"

后面母亲接上话来，问了工作近况之后说："你哥哥整天在家里挂念着你，他现在会说几句话了，因为听说会说话了才能给你打电话，他学会了'妹妹'这两个字之后就总是缠着你爸给你打电话过去，但是又怕你忙……"

她一听到这里，眼泪就下来了。

那时候，她还不是经理，只是公司里一个小小的员工。

她单枪匹马，她刀枪不入，到头来只是为了哥哥的那一句含糊不清的"妹妹"。

她后来说，就是那通电话，她明白了自己穷尽一辈子都要去守护的人，年少的时候不懂事，而越是成长，越是明白自己需要守护的东西。

她哥哥是因为他们两人在马路边玩闹，她推开他，他跌倒在路边，被车撞伤的。

很长一段时间以来，她不敢面对这个事实，她不敢承认，那是她的软肋。

而今，她长大了，软肋变成了铠甲，她终于变成了一个勇士，站出来捍卫它。

成长，就是软肋变成铠甲的过程。

回到我们最开始的话题：

你的软肋是什么？

很多人脱口而出的是懒，是拖延，是深藏在心里头的那个他。

生活打磨了我们，我们慢慢沉淀，在生活的拉扯中变成一条具有韧性的橡皮筋，我们变得坚强，变得强硬，自己变成了自己的铠甲。

然而成为铠甲的过程，必定有个软肋尚在。

有个朋友，天天在朋友圈秀恩爱。

出来吃夜宵，半开玩笑地损他："都结了婚的一点不害臊。"

他喝了口啤酒，笑着说："不知道为什么，平日在外面受多少委屈也不觉得苦觉得累，一见到她心就软了，在外面受了点委屈都想在她面前夸大一下，就想腻歪一点。"

我们笑骂他怎么这么肉麻，他看了一下表说："哎呀不行了，我得回去了，天黑她一个人怕不敢睡觉。"

因为是你的软肋，你在她面前变成了一个孩子。

因为是你的软肋，你纵使身中数枪，也要用身体护住自己的弱点。

生病一个人能抗，等他来的时候却委屈得泣不成声。

工作的辛苦一个人能过，可回头抱怨完，听他几句安慰的时候，泪水决堤。

和别人闹矛盾了，打个电话回家，听到老妈的声音，瞬间崩溃。

再坚强的人，心中也有一道软肋。

未伤及时，你是超人。

靠近它时，你柔软成风。

愿你的软肋，即时成为你的铠甲。愿你的铠甲，永远护得住属于你的一切。

那些无常，终将催人长大

“那年，我大你一岁，今年我已经大你六岁了。”

这是我一个朋友个性签名上的一句话，每过一年，他改一次。

每次都是静悄悄地改，朋友圈里他跟别人互道祝福，群聊里他跟大家插科打诨，互抢红包。

大概只有他头像下面那一句看似波澜不惊的话，才是他心里翻江倒海的情绪表达。

是他妹妹。

五年前，大年初一，她妹妹跟同学出去玩，大马路上出了车祸，送医院抢救无效死了。

原本，她应该是生命中对自己来说不可或缺的一分子，可却突然间上演了一出生离死别。

你一边诅咒命运不公，一边痛骂现实残酷。

本来你们可以走得更远一些，更久一些，而今有的人长眠地下，有的人继续生活。

“这么多年，我一直以为你还会回来，把你之前的告别改写成一个愚人节的玩笑，但你没有。”

是这样吧?

某些人某些事，一不留神地转身，可能就真的是一辈子。

年前回家，因买不着高铁票的缘故，我拖着行李箱在客运站里等大巴。

人群熙熙攘攘，路过检票口的时候，后面突然一阵哄闹。

我扭过头去看，是一个看上去年过花甲的老人家蹲到了地上，他攥着自己的衣角，抑制不住地号啕大哭。

一边哭一边喊：“见不到了，再也见不到了……”

大概都是第一次见到这种情况，所有人都愣在原地，面面相觑，不知道该上去询问还是该先把老人扶起来。

安保人员很快赶到。

因为突然通知汽车晚点，我把行李箱放到了寄存处，跟几个工作人员一起，把老人扶到了保安室门口的座椅上。

二十来分钟后，老人的儿女急匆匆赶到。

在等老人儿女赶过来的期间里，我注意到老人坐在长椅上一语不发。

他满是老茧的手一直在局促地捏着自己的大衣下摆，长久地低着头，时而用手抹开眼角的泪水。

老人的儿女解释道，老人自己偷偷买了车票，想去省外看望他刚刚过世的老朋友。

又说老人年纪大了，手脚不便，又刚好赶上过年，家里人没法带他去跑一趟，也不同意他一个人出来，不承想老人自己买到了票，还跑到客运站来。

结果老人还没过检票口，票丢了，又找不回来，眼睁睁地看着车开走，所以才忍不住失声痛哭。

从头到尾，老人家一直坐在门口的长椅上，直到儿女把他搀扶着带走，他也没有抬起头来。

于是我想起在其他地方看过的一张照片，照片里是一个老人在火车站跟另外一个友人告别。

眼看着火车徐徐开走，站台上的老人转过头去，捂住眼睛失声痛哭。

对于他们来说，此次相别，再见面的时候，大概就是生死相隔了吧?

人这一生真的没有多少个瞬间。

有时候说走，可能就真的走了。

朋友也说，过年回来，难免有这个那个的同学聚会。

但大多数聚会，兴冲冲地去了，发现曾经那些玩得好的朋友，因为时间和距离，长时间没有见面，所以也变得没那么熟络了。

聊天的时候话题难以对上，一来感到生疏，有些话不敢讲，有些话不敢说。

二来彼此的点不能合拍，聊的都是些无关痛痒的东西。

只有在这个时候，你才能够真真切切地感受到，时间它真不是静止的，让人触摸不着的东西。

相反，它是看得见摸得着的冷面杀手。

一刻也不肯停留。

它才不管你到了什么样的年纪该做什么，通常在你还懵懵懂懂的时候，就让所有东西都铺天盖地地碾压过来。

你以为缘分未尽的，可能一不留神，就人走茶凉。

你以为故事还可以再续写下去的，过了今日就成了一页残篇。

放假回家，约了朋友出去玩。

好久不见，你还提前想好了节目，想好了要一起去玩什么，一起去看什么电影。

结果临出门前十分钟，对方一个电话，说不去了。理由很奇怪，说今天是她老妈生日。

你不解，想起来自己是两天前约的对方，还特意问了有没有空，她说有。

家里人生日，请老妈吃饭，不应该是早早就安排好的事情吗，怎么会突然冲突。

后来你才发现，拒绝了你，不是因为“老妈突然生日”，而是因为有对她而言更重要的人约她出去了。

觉得你不重要，任何事情都可以成为借口。

甚至于连借口都可以不那么用心去编造。

当然，也总有不离不弃的一群人。

约出去总能一块儿嬉皮笑脸、互损对方，不用留太多脸面。

庆幸自己能有这样一群损友，也庆幸自己可以遇到和自己合得来的人。

有的人走了，有的人留，这本身就是生命的常态，没有什么事情是可以完全不变的。

印象最深的是我上高一那会儿，一个朋友的父亲因病去世了。

他老妈跟我老妈都是小学老师，是同事。以前的时候经常串门，他妈妈会带上他到我家里来玩，我们就是这样认识的。

那一年他才上初三，中考前夕，他老爸病倒，到医院一查，是肺癌晚期。

真不夸张，病倒之前毫无预兆，突然之间，一个好端端的人就只剩下病床上的一口气。

那段时间，我跟随老妈一起去医院看望他父亲，他一直坐在床沿，不说话，也不流泪，就那样呆呆地坐着。

我跟他打招呼，他眼神呆滞地回应我。

我要走的时候，他也没有抬起头来。

再后来，他跟随自己的姑姑到广州，说是去跟姑丈学做生意。

他错过了中考，自己也不想再读，去了广州之后便很少跟我联系。

只是自从他父亲病逝，他的动态长年累月就只有一句话，他写：

“爸，我长大了。”

于是多年后的今天，穿过车来人往的马路时，我突然间想起，距离我和他肩并肩站在这里等红绿灯的那会儿，已经过去了很多个新年。

以前的我以为，不管经历多少分分合合，你都会陪我站在这里。

但你没有。

那年你转身离开，与我道别，我还一直以为那只是我生命中最平凡不过的一天。

有哪些让你瞬间落泪的事

一、

看到过一张照片。

照片上是一个军人，独自一人，孤零零地坐在公园的长椅上。

二战结束以后，每一年的5月9号，他都和当年的战友相约来此聚会。

可到了2011年的5月9号这天，他在这里坐了一整天，独自一人。

他们躲过了子弹，却没有躲过时间。

无独有偶。

美国阵亡将士纪念日，一位白发苍苍的老先生发现自己是小队里最后一位还活着的退伍军人。

他对着镜头，抹着眼泪，哭得像个孩子。

人生千姿百态，总有千万种滋味。

原本我以为我们可以走得更长远一些，但没想到，时间轻易就把我一人抛下了。

“人间繁华多笑语，唯我空余两鬓风。”

这世上人来人往，总有人前赴后继，但都跟我无关。

大概是最心酸的瞬间。

二、

朋友毕业之后在医院当实习护士。

她讲了一段经历，至今我仍印象深刻。

说一个上了初中的小女孩，白血病，胸口的骨头碰一下就疼。

她妈妈很早就离开了，只有女孩的爸爸还一直在照料她。

朋友说经常看到她爸爸在小女孩没发现的时候，偷偷背过身子抹眼泪。

医院不大，小到护士、大到主治医生都很心疼这一对父女。

她说：小女孩的爸爸是踩三轮车的，很不容易。

白天要挣钱，去街上拉人，通常晚上的时候才会回来，带着简陋的饭菜，跟女儿一起吃。

女孩吃不下，尤其是在吃完药以后，吃啥吐啥。

可朋友说，有一次，她进病房的时候，看到小女孩跟爸爸在一起吃得很开心，跟常人没什么两样。

小女孩大口大口地把粥喝了下去，说要休息，让爸爸去走廊吃，别吵到其他病人。

于是爸爸点点头，把饭盒端到了外面。

她说，直到这个时候，小女孩终于忍不住，把刚才吃下去的哇的一声全吐了出来。

可她却对我朋友说：

“护士姐姐，求求你不要告诉我爸爸好吗？看我吃不下饭，爸爸会很难受的。”

朋友说当时听完了，眼泪忍不住就掉下来了。

后来小女孩病情恶化，爸爸每天出现在医院的时间也越来越少。

有一天，她查房的时候听到小女孩跟爸爸说：

“爸爸你不要哭呀，很快我就可以提前去见妈妈啦。”

她说在医院里面，见过很多奇葩的病人，但更多的时候，看到的是温暖和心酸。

前段时间她被调到另外的科室，有一个老奶奶因为食道癌晚期，治疗无效离开了人世。

她的老伴就那样呆滞地坐在床边，朋友走过去叫他，因为空出来的病房要进行消毒，以防有人紧急入住。

那位老爷爷呆了一下，点点头，抹过眼角的泪水，一边颤颤巍巍地站起来。

他嘴里说着："谢谢你小姑娘，谢谢你。"

他是在感谢我朋友值夜班的时候对他们二老的照顾。

三、

也看到过好几个故事。

其中有一个，说的是一个八十多岁的老婆婆去吃饭。

她坐下来之后哆哆嗦嗦地问服务员，说我只有两块钱，我只想喝一碗汤。

可是老奶奶耳朵听不清楚，话也说得断断续续，对着服务员她急得差点哭了。

之后服务员给老奶奶端上了一碗带着蛋花的汤，老奶奶看见汤里面有蛋，急忙拦住了对方，带着哭腔说：

"我不要蛋，我只有两块钱，我只喝汤。"

服务员弯下身子，安慰老婆婆说：

"婆婆，这个汤是不用钱的，您慢慢喝……"

另一则新闻报道，说一个从小就得了小儿麻痹症的男人，因生活所迫，乞讨为生。

但有一天他遇见一个站在14楼上想轻生的男人，他声嘶力竭地呐喊，劝年轻人千万不要想不开。

他说：人生没有过不去的坎。

嗯，我们见过在地铁上失声痛哭的中年男子，也见过在雨中独自一人号啕大哭的快递员小哥。

这个世界上很多人生活不易。

生活总是不留情面地，就像突如其来的灾难一样，给你迎头一击。

但人本身不是，每个陌生人给我们温暖的瞬间，都是上帝馈赠给我们最美好的礼物。

四、

网上流传过一个视频。

是国外做过的一个测试。

测试的内容是，一个男人假装自己的女儿走丢了，到处问别人有没有看到他的小女儿。

当然，他也向一个流浪汉询问了。

流浪汉表示自己一天都在这个地方，可以帮忙，他要了一张男人女儿的照片，高举过头顶，希望有人能助这个男人一臂之力。

视频是暗中拍摄的，流浪汉从上午到晚上，自始至终，一直举着手上那张寻人启事的纸。

测试组的人后来问他：

“你为什么不用一点时间给自己挣口饭吃呢？要知道，你举着这张寻人启事，就意味着你今天没有收入。”

流浪汉的回答很简单：

“相比我自己填饱肚子，他女儿走丢的事情更重要。”

测试的最后，男人给了流浪汉两百美金。

在镜头的末尾，流浪汉坐回地上，把脸埋进了自己的手掌里，忍不住失声痛哭。

生活千姿百态，也总会有温暖人心的时刻。

有人说，一人在外留学，有一天看到路边有个流浪汉说自己饿坏了，很可怜。

于是小姑娘给他买了吃的，跟他在一起聊了半个小时。

等小姑娘起身说抱歉，自己要走了的时候，流浪汉塞了一张纸条给她。

小姑娘打开那张纸条，上面写着：

“谢谢你，本来我打算过完今天就去死的，但现在我改变主意了。”

五、

想起一次在公司点外卖，外面突然下雨，外卖小哥送到的时候比平时晚了半个钟头。

看到我走下来拿，他就那样拘谨地站着，一边抹着头上的雨水，一边不断地说：

“不好意思，不好意思。”

我说没事，拿了包纸巾给他擦，他愣了一下，连连说谢谢，说希望不要因为他送晚了投诉他。

于是我突然想到有一句话，大概是这么说的：

你所爱的人和爱你的人，塑造了现在的你。

因为你身上残留有他们的痕迹，所以只要你还活着，他们就不曾逝去。

生而为人，活着多不容易。

如果可以的话，请你务必温暖一些。

共勉。

真正的心酸其实是说不出口的

一、

在公司加班，深夜时分赶完工作，好死不死的，打车软件上一直叫不到车。

于是几个人滞留在办公室里，开启了“丧模式”，一个个无精打采，吸进去的空气都变成了几句叹息。

有人说，某某你好端端的叹什么气呢。

对方也不言语。

我坐在落地窗前，看着外面一片灯火，也感到一阵没来由地伤神。

心酸的时刻，一眼看得到头的生活，还有那些乱七八糟的坏情绪。

可话真到了嘴边，又感觉没有什么倾诉的必要了。

“心酸有很多种，沉默不语最难过。”

真正的心酸有时候真的是说不出口的，有些东西明明很想找个人述说一番，但又想想……算了。

就好像有人说的：

“感同身受”这个词，其实是不存在的。

这个世界上所有人忙着生，忙着死。哪有人会那么顾忌你的情绪和感受？

是这样吧？

二、

之前看到过一个话题，说让你感到最心酸的画面是什么？

有人发了一张图，是两个老人在火车站道别。

其中一个老人坐在火车上，手贴着窗，看着站台上的另外一位老爷爷。

而站台上的老爷爷挥手道别，却忍不住背过半个身子，抹着眼泪，哭成一个小孩。

这个世界上最叫人难过的事情，莫过于今日一别，可能就没有下一次见面的机会了。

朋友之前也跟我讲过这样一段经历。

说她上高中那会儿，有一个死党，关系好到穿同一条裤子的那种。

上大学之后一直也有联系，去对方的城市里找过她。

她说：

“我这个人比较重感情，一直觉得有些人虽然从来不想起，但又永远不忘记。”

可是啊，到了后来，朋友考研，她出来工作，慢慢地变成了两个不同的圈子。

她约朋友出来，朋友说要看书复习；朋友偶尔有空，也只是在朋友圈晒一晒跟其他朋友出去聚餐的合影。

很多事情是这样，在我们念念不忘的过程中，有些东西就被渐渐地忘记了。

再后来，她说很少再有联系，从别人口中听到关于那个朋友的消息，比她亲口告诉自己的要多得多。

朋友圈的动态不再跟自己有关，就好像突然间从自己的身边抽身而退一般。

知道她考研过了，知道她认识了新的朋友。

她说：

也不是没有挽回过，有天晚上，我发了好长一段话给她。

她只回了我一个字，她说“嗯”。

朋友说那段时间她很难过，有时候也想找一个人把心里的事情都抖出来，倾诉一番。

但是能找谁呢？

“我自认为最好的朋友都已经和我没有共同话题了，我该找谁说？”

很多心酸和难过，不是不想说，只是再也找不到那个合适的人说罢了。

三、

陈奕迅的《孤独患者》里有一句歌词是这么唱的：

“我不唱声嘶力竭的情歌，不代表没有心碎的时刻。”

朋友说，其实大多数时候，不是不想说，只是觉得有些心事分享错人就成了矫情。

她说自己刚毕业出来，实习工作那段时间，一个人在一座陌生的城市。

在一家小公司里做财务，工资月月见底。

那时候觉得，都二十几岁的人了，没道理什么事情都伸手往家里要钱吧？于是就一个人死撑着。

一个人挤地铁上下班，一个人加班到晚上十一二点，一个人逛街，一个人吃饭。

周末的时候一个人躺在家里，想出去走走又不知何处可去。

她说：

“不知道为什么，那时候我就觉得好难过。”

仔细想想，其实也没有什么大事，只是那种如影随形的孤独感，给我一种非常难受的感觉。

她讲后来有一次，因为加班经常打车回家，车费的报销还没发下来，而她自己身上又没钱吃饭了。

她说：

“那时候我犹豫了很久，想了想还是给家里打了个电话，说钱不够花了。

我妈接到电话后立马说让我爸打钱给我，又一个劲地问我是不是工作待遇不好，怎么会没钱吃饭之类的。

那时候我就好像心理防线骤然崩溃一般，一下就在电话这头哭了。

我一边捂着嘴巴，一边‘嗯嗯’地应着，不敢说话，就怕被我妈听出来，怕她担心。

但是我哭完之后呢？

我挂了电话，擦干眼泪，从厕所出来，到楼下等公交车回家。

就好像什么都没有发生过一样。

不管怎么样，生活还是要继续的。”

四、

村上春树在一篇文章里写过这样一句话：

“你要做一个不动声色的大人了。

“不准情绪化，不准偷偷想念，不准回头看。去过自己另外的生活。

“你要听话，不是所有的鱼都会生活在同一片海里。”

朋友后来也跟我说过，说其实啊，很多事情在当时的你看来难过得不得了。

你牵肠挂肚，掏心掏肺，但别人是体会不到你那种感受的。

她说：

就好像我，那时候刚毕业的我一个人生活，钱不够花的时候就已经觉得很难过很难过了。

但这个世界上有的是生活不易的人。

有一天我中午休息的时候到公司楼下吃饭，上来的时候电梯坏了，只好走楼梯。

然后我就遇到了一个送水的老爷爷，他扛着一桶水，跟我一起爬楼梯上楼。

那一天外面三十多度的高温，夏日炎炎，他就这么弓着腰，扛着一桶水，说是要送到十二楼。

一桶水卖八块钱，要爬二十多分钟的楼梯。

那时候我就觉得，如果不是切身体会，这个世界上是没有感同身受这种东西的。

“不是所有的鱼都会生活在同一片海里。”

更多的艰难，是我们看不到的。

而更多的心酸和难过，我们只能放在心底。

五、

其实大家心里，也应该藏有很多说不出口的心酸事吧？

那些辗转反侧的想念，那些夜不能寐的时刻，一些东西偶尔就像狂风暴雨一样席卷而来，变成空气中的几句叹息。

但我们也都知道，有些经历，只有自己才能理解。

有些心酸和难过，也只有自己才能明白。

这个世界上，除了自己，除了至亲，除了最好的一两位朋友，所有人只看外在，没有人会在乎你是否伤心难过。

生活已经很艰难了，戴起面具做人，未必是不好的生活方式。

共勉。

最艰难的时刻是怎么熬过来的

微博上看到一篇文章，说生活中有这样一类人：

既希望自己是明珠，但又缺少几分运气。

以普普通通的身份混迹在人群中，过着最最煎熬的日子。

最可悲的身份莫过于此。

就好像有人说的：

生活中有一点我不太喜欢，那就是它总让更懂事的人来承担更糟糕的感受和后果。

一、

深夜刷朋友圈，看到一个纪录片。

大致内容是采访一些独自在外的年轻人，其中有个话题说的是：

在一座城市里，你最艰难的时刻都是怎么熬过来的？

其中有个女孩子是这么说的：

半年前我毕业，一个人到这座城市。

那时候我实习的工资很低，每个月我支付房租，填饱肚子后，多余的一分钱也没有。

可我没有想到的是，有一天我突然病了。

我没有药，刚发的钱又拿去交了房租，如果我去看医生的话就意味着会填不饱肚子。

所以我一个晚上都没有睡，就坐在床沿喝热水，一边喝一边哭。

不是因为生病有多难受，只是我没有想到，一个人在一座陌生的城市里，我竟然连一场感冒都看不起了。

突然间感到很心酸。

每个人都有过这样几乎快支撑不下去的时候吧？

一眼就可以看到未来四五年的光景，感觉到自己摇摇欲坠，负能量爆棚，好像只要轻轻一拳就可以把自己撂倒。

不是没有过这样的状态。

朋友也说，自己最艰难的时刻，也是刚毕业不久那段时间。

找不到实习工作，一边面试，一边在街上发传单，做兼职。

不知道自己想要什么，迷茫得像是乱撞的苍蝇，既有对未来不确定的恐惧，又有那种痛恨自己无力的慌张。

想象中的生活不是这样的，以为会像住在电影里的那种白领公寓里，以为会有很喜欢、很稳定的工作，以为生活里总是惊喜。

但不是的。

朋友说那段时间，每天到街上发完传单回来，浑身散架似地躺在地板上，会有一种很慌张的孤独感。

没有人可以倾诉，一个人在陌生的地方，二十几岁的人了，也不想总是让家里人担心。

一个人到处找工作，一个人在烈日炎炎下追赶公交，感觉没有人理解自己，朋友都不在身边。

没有目标，看起来很积极很努力，其实都是因为内心焦躁所致。

她说真不是矫情，在那种情况下，曾经也一度感觉自己快要崩溃了。

每个人都可能有这样一段状态。

就好像有人说的：

二十六岁到三十岁这段时间，几乎是人生中最迷茫的一段岁月。

承担着渐长的责任，拿着与工作量不匹配的薪水。

艰难地权衡事业和感情，不情愿地建立人脉。

但你总得熬过去，它们就好像青春期的躁动和不安一样，藏在身体各处，在每个惴惴不安的夜晚滋生。

总是如此。

二、

想起前段时间，在地铁里，看到一个蹲在车厢里的建筑工人。

不知道为什么，跟他四目相对的时候，我看到他红着眼圈。

大概是怕人发现，他戴着工帽，把头埋到了自己的膝盖里。

我不知道他遇到了什么样难过的事，这城市中每一个角落的每一个人，都有自己不容易的地方。

之前在网上也看过一个片段：

说是有一次，家里人搬家，买了一个新的空调。

大夏天的，商场的人都送货上门，自己当时住在七楼，结果那个空调竟然是一个五十多岁的老人家背上来的，汗流浃背。

因为看着很心疼，心里也过意不去，所以就拿了一瓶可乐给对方。

结果老人一直弓着腰，不停地说谢谢，谢谢。

说可乐很好喝，那是他这辈子第一次喝可乐。

听得眼泪都快下来了。

这个世界上有很多人都处在生活的煎熬当中。

印象深刻的是有一次，那是在大年三十的晚上。

我们这边有一个习俗，就是大年初一的时候家里不能够放着旧年的垃圾杂物。

于是吃过年夜饭后，我拎着一大袋垃圾从楼上下来，准备扔掉。

结果瑟瑟寒风中我看到一对母女，妈妈是清洁工，带着自己的女孩，裹着破旧的棉袄蹲在扫垃圾的手推车下边。

她们两个人正在埋头吃着盒饭，五块钱一盒的炒面。

小女孩狼吞虎咽地吃着，我走过去把垃圾袋放进车里的时候，只有妈妈抬头说了一声谢谢。

走回小区的时候我看到万家灯火，每一家都在吃团圆饭，街道上空荡荡的。

一时间，心里有种说不出的难受。

三、

这世界上不如意的事情很多，人生中每一个时刻实际上都是举步维艰的。

上大学那会儿，协会做过一个街头采访，当时的问题是：

最难熬的时候，你是怎么做的？

回答的内容就好比：

没钱的时候跟人借几十块放到银行卡里，凑足一百块再取出来。

跟合租的伙伴一起凑钱买了一箱泡面，一天只吃一包。

又问：

那最难熬的时候是怎么熬过来的？

结果很多人都说：

其实也不知道自己是怎么熬过来的。

就告诉自己一定要撑过去啊，后来就慢慢有点好转了。

世界上没有什么事情是绝对的，包括苦难。

十来岁的时候，觉得考试考砸一次就可以让自己很难过很难过了。

十七岁那年觉得人生最难熬的是高考，二十来岁的时候觉得找一份工作好难。

每个时刻都好像很负能量，但又负能量得很真实，困难的时候多走几步，你又会发现更加困难的还在后头。

这个世界上很多人面对着各种各样糟糕的事情。

朋友说前段时间下班，大雨滂沱，在公交车站内等车。

看到一个妹子，蹲在大雨里，一边打电话一边哭，哭得很凶，目测是在跟男朋友吵架，整个人就那么在雨里淋着。

她说看着那妹子的模样，突然间感到很心疼。

但转念一想，好像自己以前也有过类似的经历，现在想起来，都快忘了自己当时的感受了。

所以，其实你自己心里比谁都清楚呢。

无论昨夜经历了什么样的辗转反侧，醒来时，这个城市依旧车水马龙。

不管如何，先过好今天再说吧。

04

世界上没有毫无道理的分道扬镳

友情中有多少让人遗憾的时刻

跟朋友聊天，谈起一些人和事。

她说：不辞而别从来都不是偶然。

有些人说原谅你了，其实是你在他心里没那么重要了。

突然间有点感慨。

当晚我躺在床上，因为睡不着，翻来覆去看微信通讯录里的好友。

看到那些以前联系过现在却杳无音讯的人，看到那些以为能走到最后却悄然失踪的人。

一瞬间让我想了好多。

一、

“我把她从我的好友名单里移除了。”

这是朋友在微信上给我发过来的一句话。

她跟我说过，自己有个朋友，从初一的时候开始，前前后后也认识了快十年时间。

人这一生没有多少个十年，这么长时间下来，对方也算是自己的闺蜜“死党”了。

毕业后她留在国内，在事业单位上班。

对方去国外，研究生留学，联系开始慢慢变少。

但她说一开始联系少了，但感情还在啊。

就好比对方失恋了，一通电话过来，尽管是深夜，她还是顶着困意通宵不眠，只是为了安慰她。

对方经济上有困难，她第一个出手援助。

她说后来有一次，她也因为工作上的事情受气，不如意，第一时间就想到了对方。

给对方发信息，没回；打电话，也没有接。

两天后，电话还没有回音，以为是出了什么事情，又急急忙忙打电话过去，这一次接通了。

对方说没什么事啊，正在跟朋友聚会喝酒呢。

犹豫着问她说前几天没有收到信息吗?

对方顿了顿，说收到了，不知道要回什么好。

朋友说那边挂了电话，继续去玩，她还在这边握着话筒，张了张口，一句话也没能说得出来。

后来啊，对方的朋友圈就开始跟自己所知道的无关了。

得知对方有了新的男朋友，得知对方挑灯夜战写毕业论文。

知道她过得很开心，知道她又认识了新伙伴。

再后来，突然间有一天，她的朋友圈变成了一条横杠，什么都没有了。

朋友说，一开始我不理解，难过，常把自己蒙在被窝里大哭一场。

她说后来我才知道，有些告别本就是人生常态，离开就是离开了，圈子不同，导致两个人分道扬镳。

大概就是时间要我们学会接受的东西。

相互删了联系方式后，她说对方也曾找过她，跟她说对不起。

那时候对方刚好又失恋，一个人远在国外，在电话里请求她原谅当时不那么懂事的自己。

朋友说没关系，我早就原谅你了。

她后来跟我说：

“那个时候我已经不记得我们最要好的时候是什么模样了。

我们之间也没有什么深仇大恨，没有什么特别刻骨铭心的事情，但到底是她选择了离开。

可能那一刻她真的有点后悔，也可能她真的在请求我原谅。

但我跟她说没关系，就真的是没关系了。”

“我原谅你了，但与此同时，我也放弃你了。”

大概就是这种感觉。

二、

前段时间跟几个要好的同学出来聚会，不知道为什么也提到了这个话题。

说你是因为什么，才跟你最好的朋友渐行渐远?

每个人都有不同的答案。

有人说曾经把对方当作自己最要好的朋友，可他打着朋友的名号把精明和算计都用到了你身上，甚至于谎话连篇。

有人说因为时间和距离，她先离开，自己也不会一直站在原地。

也有人说，上大学那时她有一个很好的朋友，是那种一个眼神就可以知道对方在想什么的死党。

一开始，两个人无话不说。

可是后来呢?

因为跟自己关系好，所以就丝毫不顾及自己的感受，口无遮拦。

因为跟自己是朋友，所以怎么做怎么说都无所谓；反而因为和别人关系普通，所以处处在意，和别人相处时候有恰到好处的礼貌。

你生气了，她说你这个人怎么这么小气，还当不当我是朋友。

你有事帮不了她忙，她说你不讲义气，硬逼着你放弃自己手头上的事情去忙她的东西。

到最后，就真的无话可说了。

她说自己拉黑了对方之后，对方也曾来道歉。

她回复的同样是三个字：没关系。

她说：

“其实等到对方来跟我道歉的时候，我已经不生气也不介意了。

我接受她曾经中伤我的道歉，不是说我不太小气，只是有时候觉得……算了。

就好像有人说的：

友情里最让人唏嘘的地方就是，一开始我把你当成值得深交的人，后来因为某些事我对你有些失望。

我不断地说服自己，人与人之间本应该如此淡薄，把你放回一个普通朋友的位置，和你维持着表面上的和平。

而这一系列的心理变化过程，你连半分都不知。

是这样吧？

嘴上说无所谓了，其实是你已经被我从最好的朋友里剔除了。

而这之前我因失去你而所受的煎熬，你从头到尾都一无所知。”

三、

想起之前有人说过，其实越到后来，你就会慢慢发现，一个人的到来和离开其实只是生命中的一种常态。

以前的时候，一激动会突然间把一个朋友删除拉黑。

但现在不会了，那些曾经让自己纠结着原不原谅的人，他们可以静静地躺在自己的好友列表里。

默契地沉默着，偶尔朋友圈点个赞，除此之外，再没有其他多余的交流。

这多少也都对应着我们常讲到的那句话：

那个每天都喊着要跟你友尽的人，闹起脾气来就说要拉黑你的人，其实是最不可能离开你的那一位。

真正的告别，只会选在一个风和日丽的下午，收拾一个书包，安安静静地推门离开，再也不会回来。

就好像，曾经你很在乎一个朋友，可她又做了一件让你失望透顶的事情。

于是你们陷入了一段时间的冷战，你总想着，要不要原谅她呢？要不要呢？

而僵持了很久很久之后，你们有了各自的圈子，蓦然回首，突然就觉得，没那个必要了。

这种没必要，慢慢就成了一段友情中的遗憾。

小时候原谅一个人，只需要往她手里塞三两颗甜甜的糖果。

可惜我们都不是小孩子了。

最后，还是想说：

珍惜你身边那个整天都哭着闹着要离开的人吧。

那个一直在纠结着要不要原谅你的人，只是因为他真的在乎你。

好朋友为什么会渐行渐远

深夜刷朋友圈，看到有朋友分享了一条动态。

说其实啊，这么多年，身边也总是人来人往。

可那些一直哭着闹着要走的人，他们从来都不会是真正离开的人。

真正离开的那个人，只会选在一个风和日丽的下午，拿一件大衣穿上出门。

消失在冬日的暖阳里，便再也不会回来。

突然间有点感慨。

就好像总有人说的：

真正要走的那次，关门声最轻。

离别从来就不是突如其来般的轰然巨响，相反，它往往都是悄无声息地缓慢离开。

一、

朋友说，有时候时间真的是一把杀人利器。

以前那群每天都待在一起的人，有的没上大学，早早结了婚，有的跟自己一样刚毕业，在生活的热浪里摸爬滚打。

梦想要当剑客的，变成了门口给人递烟的保安。

梦想要当歌手的，在写字楼里熬夜加班给客户写文案。

她说：前段时间我还联系了以前高中三年的同桌。

高中时代最要好的朋友，上大学独自一人去了好远的城市。

没什么深仇大恨，就是在好几年的时间长河中，两个人慢慢淡了。

再一次见面的时候，对方烫了头发，摘掉了眼镜，出落成一个光芒万丈的大美女。

可彼此坐下来讲话，能够用来聊天的，就只有不断回忆当年高中时代做过的蠢事和笑料。

她说那时候我才知道，圈子不同了，真的就没有那种共鸣的话题了。

想起十六七岁的夏天，在晚自习的操场，坐在角落里等风吹干湿漉漉的头发。

那时候流行写毕业宣言，就是在一个本子里写满对未来的规划啊，对将来的期许啊什么的。

她们就写要做一辈子的好朋友，要在结婚的时候请对方做自己的伴娘。

可那时候十六七岁，她们没有想到的东西还有很多很多。

譬如那时候她们从未想到：

一辈子的尽头，竟然就只是毕业。

朋友说大概真正的告别就是这样吧？

回到家里的时候她把自己蒙到被子里很伤心地哭了一场，说不出是什么感觉。

从朋友圈里面得知对方有了男朋友，有其他女生陪她吃饭逛街。

新买的衣服很好看，身边的朋友也都很好。

这就是所能知道的全部了。

她说：

大概也只有小孩子才问对错，问你为什么又不理我。

至于成年人，往往都是默契地相互离开。

二、

朋友说最不忍心听到的歌词，除了那句“来年陌生的，是昨日最亲的某某”。

还有一句是：

“共你亲到无可亲密后，便知友谊万岁是尽头。”

突然想起自己前段时间，出乎意料地收到了一个朋友的请帖。

他说要结婚了，邀请我去参加他的婚礼。

想起初高中那会儿，我总跟他一起玩，翻墙去外面吃夜宵，装病去网吧里打游戏。

高三那年，他说不读了，家里弟妹还要读书，而他不是读书的料，他要去外地打工。

临走前，我送他去车站，他很认真地跟我说：

“你是有机会考上一个好大学的，往后我就不带你去外面玩啦。”

于是高三那年我挑灯夜战，很少联系过他。

而现在，他在电话里很不好意思地告诉我，说希望我能去他的婚礼，说他专门挑的日子，在周末，希望我有空。

时隔几年我再见到他，西装革履的，我差点没认出来。

他叫了好多朋友，很多我不认识。

新娘很漂亮，他们两人挨桌敬酒，我说新婚快乐，他说谢谢你来。

因为第二天还有事，我说当晚就走，怕他喝多了，趁着快要散场的时候一个人先离开。

在路口拦了辆出租车，突然听到有人喊我。

他气喘吁吁地赶来说：

知道你要走，我出来送送你。

说完不由分说，打开车门也坐了进来。

他有点不好意思，说婚礼上那么多人，照顾不过来，没怎么好好聊天。

又说这几年一直在广州、深圳，很忙，没什么时间联系，高中那会儿爱打游戏，现在也不打了。

他给我塞了一袋东西，说这是婚礼上的回礼，是习俗，一定要我拿着。

跟他聊起高中那年的中二事迹，他哈哈大笑，说还记得那个秃头的教导主任，每天拉他去训话。

说翻墙去上网被抓了请家长，差点被他老爸给打断了腿。

他这几年，声音倒是变得有点厚重，块头也硬，他说自己现在力气大得很，一个能打我两个。

说他打工这几年可不是白干的。

十几分钟的一段路，他就这么一路送我到了站台。

我说走了，他说保重。

拎一大袋东西上了大巴，看到他在底下冲我挥手。

晚上的车站没有多少人，他就那样笔挺地站着，像极了当年被教导主任训话时的模样。

后来我打开他给我的那一大袋东西，赫然看到了他把我之前给他的新婚红包原封不动地放在了里面。

我想到他在我上车前反复嘱咐我拿好东西，想到他跟我说：

你花钱大手大脚的习惯怎么还不改改？说不定你很快也要结婚，也要有自己的家庭了。

我笑他说哪有你那么快，我才刚要毕业。

他哈哈大笑，说那你要好好加油。

而这会儿车已经开出老远，我扭头往窗外看去，只看到一片朦朦胧胧的灯光。

心里头百味杂陈。

后来，我毕业，再出来实习，而他有了孩子，有了更多要操心的事。

联系少之又少。

三、

想起龙应台曾经说过的一段话。

说人生，其实就像一条从宽阔的平原走进森林的路。

在平原上同伴可以结伙而行，欢乐地前推后挤，相濡以沫。

一旦进入森林，草丛和荆棘挡路，情形就变了，各人专心走各人的路，寻找各人的方向。

而我亲爱的朋友，那天我们在熙熙攘攘的人群中突然相遇，而后又被人潮错开。

曾经，我希望你好是真的，祝你幸福也是真的。

可那会儿我也很希望，很希望在好多年后的今天，我依然能够毫无顾忌地踢开你家的门。

我抱着篮球，从你家冰箱里拿走一瓶可乐，催你快点穿上鞋子。

那会儿我们就站在人生的岔道口，眼看人来人往，潮起潮落。

而那时候，我还天真地以为，我们之间不会有挥手道别的一天。

哪个时刻让你开始放弃一个人

微博上发了一个话题，说的是：你后来跟一个朋友老死不相往来的原因是什么？

当晚我翻遍了所有的评论，想起之前跟朋友聊天的时候说：

在有些关系中，沉默就是答案，不主动就是答案。

只是有时候你不愿承认而已。

想起那些以前常常联系，而今躺在好友列表里，只会在逢年过节时互道一声好的朋友。

突然间有点感慨。

一、

有一位朋友跟我说，她跟自己认识了十一年的朋友掰了，老死不相往来。

十一年，一起走过了整个学生时代和青春期，可有些时候，说散也就散了。

她说：

其实不是很难过，但又真的不洒脱。

可我真的是打心眼里放弃她了，就觉得……算了，没那么重要了。

上小学初中那会儿她们是死党，父母也都因为两个人相互认识。

那时候偶尔犯错，班主任在办公室里对着两个人，叹口气说：

你们呀，你们两个连在一起的捣蛋鬼。

朋友说：我一直都把她当作最好的那个朋友，说真心话的那种。

喜欢哪个男生，讨厌哪个女生，像拿着宝贝一样地怀揣着彼此的秘密。

后来高考，上大学，再到出来工作。

联系变少了，但总觉得感情还在呀。

偶尔聊天，虽然对方有点敷衍，但也总是想：可能有别的事情要忙吧。

再后来，有一次她去对方所在的城市出差，好不容易抽空出来，问对方要不要出来一起聚聚。

对方说：哎呀我不太想出门，在家里看电影呢。

往后的每一次，大抵如此。

从别人口中听到关于她的消息，从朋友圈分享的动态才知道她去了哪里。

她说有一次自己心情很差，找对方聊天，还没开口，对方说：

今天手机摔坏了，心情很差，别来烦我。

因为仗着自己当她是最好的朋友，所以口无遮拦，任何事情都不顾及自己的感受。

反而对于其他人，因为不熟，所以总为别人着想。

后来有一次自己打电话给对方，没有接，两天之后对方都没有动静，发短信去问。

对方说：哦我看到了，觉得你应该没什么要紧事，所以就没有理。

她说：

直到这个时候，我才突然间觉得，算了，无关紧要了。

说不难过是假的，有时候她说自己想起刚上大学那会儿，对方家里发生了一些不那么好的事情，哭着一个电话打过来。

她整个晚上都在安慰对方，一边让舍友帮自己请假几天，一边马不停蹄地转车坐车，赶到了对方学校。

但所有的好与不好，都是过去的事情了。

来年陌生的，是昨日最亲的某某，大概是一种常态。

“你是我的春夏秋冬，而我只是你的甲乙丙丁。”

现在，我也决定主动放弃你了。

二、

陈奕迅的《最佳损友》有一句歌词是这么唱的：

“早知解散后，各自有际遇做导游。

奇就奇在接受了各自有路走，却没人像你让我眼泪背着流，严重似情侣讲分手。”

曾经有朋友找到我，说跟她和一直以来最好的朋友分道扬镳了。

她说：

其实我难过就在于，在告别之前，我给她发了好长好长的一段话。

我以为不管如何，我们曾经那么要好，这段关系都是可以挽留一下的。

结果她只回了我两个字，她说“好的”。

不知道为什么，当时我就觉得好难过，好几年的感情换来两个字，我当下就觉得，我放弃了。

也有人说，有时候决定放弃一个人，从无话不说到无话可说，其实是好漫长的一个过程。

每一件让人失望的小事的积累，每一个让自己落空的瞬间。

你当她是知心密友，她当你是泛泛之交。

再往后，突然间有一天，你就觉得，算了，不想再这样下去了。

有些告别和离开，就是这么一个失望累积下来的过程。

有朋友说：以前我当她是我最好的死党。

每一次我们之间有矛盾，我都是先道歉的那一个。

她生气了我道歉，她难过了我安慰她，她说你别来烦我，我想一个人安静一下。

朋友说：

后来有一次，我也因为某些事情心情不好，我找她聊天，她说要跟朋友出去唱歌，让我有事再说。

再后来，我也生气了，我不理她，她无所谓。我又找回她，她又继续那样对我。

周而复始，从来就没有停止过。

她说有时候想想，我这么骄傲的一个人，怎么到了你那里，处处让步之后就什么也不是了呢？

失去友情跟失去爱情比起来，有时候失去友情会让人更加难受。

三、

身边也有朋友说：

其实到了现在，我已经很难因为一位朋友而变得激动和患得患失了。

更主要的也是因为，我已经不太敢投入那么多的精力去维持一段友情，到头来却换来一个失望透顶的结局。

很多人都喜欢说，念念不忘，必有回响。

其实也希望自己是那个能够得到回响的人，但我不是。

我向来都是一个敏感的人，你别看我平时乐观，说话也大大咧咧的，但其实我这个人，脆弱总是多于坚强。

我对一个人好，就总希望那个人对我也好一些。

这就是普普通通的我，不愿让自己受到伤害的我。

就好像有人讲：

每一次，她做出了让我失望的选择，我总是告诉自己，我们之间的关系本该如此。

我一边饱受煎熬，一边把你从最好的朋友圈子里划分出去。

而在这过程里我辗转反侧，难过万分，你却一点都未曾知晓。

而再往后，一切都变得没那么重要了。

那些以前天天混在一起的朋友，说一句“有空常联系”。

至此往后便不再联系了。

默契地到来，默契地疏远，然后再默契地离开。

从头到尾，我们一直都是最默契的两个人。

小时候一个人跟一个人绝交，睡一觉起来，第二天又和好了。

现在的我们就好比小时候闹一通矛盾，第二天起来，我还在原地等你，我为你准备了好多甜甜的糖果，可你却再也没有出现。

而后来的我依旧站在原地，看着终于远去离开的你，那时我还日夜期盼，总觉得你会有归来的一天。

我亲爱的朋友，祝你一切都好。

世界上没有毫无道理的分道扬镳

半年前大学毕业，我是最后一个离开寝室的人。

因为离校手续出了点问题，我来回折腾，回到宿舍的时候，空荡荡的只剩下我一个人。

当下没什么感觉，总觉得天南地北，离别后总能重聚。

于是我照例洗澡、吃饭，等一切弄妥，拉出行李箱开始收拾东西的时候，我才突然间想起：

这次是真要离开了。

不是一段去去就回的假期，也不是一次总会故地重游的别离。

是真真正正的分道扬镳。

很快，实习、工作，各种各样的事情就会纷至沓来。

不同的圈子、空间和距离总会让原本亲密无间的人形同陌路。

以前总觉得人与人之间有些牵系是剪不断理还乱的，但慢慢地才发现，有些东西其实未必有多少苦大仇深。

更多的别离，只是因为岁月在变迁，而彼此在改变。

朋友说前段时间出差，去的地方，刚好是初中一个死党所在的城市。

她说虽然上大学有一段时间不曾联系，但毕竟好多年未见面了，她特意推掉了一部分工作，就是为了让两个人见上一面。

可见了面之后，却未必有久别重逢的欣喜。

相反，是突然间就找不到共同话题了。

以前的时候大家都在学校，在同样的环境里生活，身边都是差不多的人，差不多的朋友。

而现在，两个人多年不见，甚至连见面的时候都差点认不出彼此。

朋友开口说工作，对方开口说家庭。

对方问平时放假都去哪里玩啊？

朋友说偶尔跟朋友去唱唱歌，去跑跑步。

对方则说自己去妇幼活动中心学习如何更好地教育孩子。

朋友讲自己去旅游的时候遇到的趣事，对方却一脸茫然的模样。

问及原因，说自己有了孩子之后，除了买菜做饭，连门也很少出。

一次本来期待已久的聚会，在两个人的沉默中散场。

其实说不失望是不可能的。

以前的时候，不用说都知道彼此的心里在想什么，有什么秘密也都为对方藏着掖着。

生活的重压让每个人都变了模样，跌跌撞撞之后，两个人就很难回到原来的轨迹上，很难再一起毫无间隙地做任何事情。

朋友说，事实上，一段感情因为空间和时间的距离而开始慢慢消磨，这就是别离的开始。

世界上从来就没有毫无理由的分道扬镳。

曾经好到一个眼神就能知道彼此在想什么的感情，突然在某一天跌入了冰谷。

没有争吵，没有过节，好像昨天还在同一屋檐下嬉笑打闹，今天就突然间各走各路。

你拿起微信，对话框里打了好多字，想想太矫情，还是算了。

更多的时候，得到的回复也只是“好”、“行”，这样简单不过的话语。

有时候也会伤感，回看过往，好像也就一瞬间。

不是矫情，这种抽丝剥茧的失去，确实会让人感到万分难过。

曾经有多在乎，失去的时候就有多痛苦。

某些时候，你总以为这是突如其来的，但更多的，是在你们别离时就已写好了结局。

有些事情，根本找不到原因。

可有些感情，之所以分道扬镳，是因为一开始就埋下了伏笔。

“童年的朋友，犹如童年的衣裳，长大后，不是不愿意穿，是无可奈何了。”

大概就是这样的感受吧。

你一定也有过类似的经历：

很久不见的一群同学突然间被拉到了同一个微信群里。

因为突如其来的怀旧念头和新鲜感，一群人相谈甚欢。

大家相互交换自己的联系方式，谈及自己的生活情况、工作情况、当下状态等等。

但同样的，这样的群活跃一段时间之后，很快就会沉寂下去。

因为时间和距离，其实大家相互之间已经没有多少感同身受的共同话题了。

即兴表演过不了多久，终究还是会平静下去。

而关于人与人之间的分道扬镳，有时候可能更加刻骨铭心一些。

以前大学在学生会学习部搞过一次问卷调查，其中有一个问题是：

是什么原因，导致你和你朋友之间逐渐疏远的？

很多回答都让我印象深刻。

有说把对方当朋友，对方却把精明用到了自己身上的。

有说对方只知道伸手拿来，把朋友当作利益和帮忙的工具的。

有说对方谎话连篇，利用自己的信任来达到他的目的的。

也有人说，跟一个朋友分道扬镳，是因为对方不顾及自己的感受。

因为和自己关系好，反而出口伤人。

因为跟自己是好朋友，所以反而对那些关系一般的人处处忍让、关心，主动帮助别人，想要和对方的关系更近一步。

因此久而久之，两个人就渐渐疏远了。

朋友说，可能在她眼里，自己也不算是一个真正的朋友吧。

兴许到头来，自己就是一个不可深交的普通人罢了。

前一段时间，有朋友跟自己的万年死党翻脸了。

问他为什么，他说自己因为信任对方，给他分享了自己的一个秘密。

结果回过头来，全世界都知道了。

朋友说，也不是因为自己脆弱到这点事情都不能承受，只是本来是相信他可以为自己保守秘密，却没想到换来了这样一个结局。

有时候因为信任，反而带来了更多的伤害。

当然，这么多年，跌跌撞撞，带得走的留不下，留得下的总还在。

因此也总有那么一些人，只需一个电话，不管多远他们也会想尽办法来到你身边。

缺钱了，一个电话过去也总能得到其倾尽所能的帮助。

可是啊……

也总有那么一部分人，他们注定在你身边停留不久，注定有一天要跟你分道扬镳。

但就好像宫崎骏说的那样：

人生就是一列开往坟墓的列车，路途上会有很多站，很难有人可以自始至终陪着你走完。

当陪你的人要下车时，即使不舍，也该心存感激，然后挥手道别。

我希望你能来，但你若走，我也不遗憾你离开。

而我也一直以为，和朋友相处最重要的还是一个默契度。

不联系，见面却能聊到一起，有困难出手帮助，有好事真心祝福。

人这一辈子，兜兜转转，也总能找得到一两个不离不弃的伙伴。

假装忘记一个人是种什么感觉

一、

前段时间毕业季，回学校一群朋友一起，聚会唱歌，大都举杯欢庆，庆祝毕业快乐。

平日里不敢说的，不敢讲的，大多借着离别的愁绪，也都一股脑抖了出来。

朋友说，直到这个时候你才会发现，有些事情，平日里你不说、不想，但其实你根本没忘。

那些假装忘记的人和事，你在心里记得比谁都清楚。

假装忘记一个人是一种什么样的感觉?

看到一句话是这么形容的:

假装忘记一个人，是心里空空荡荡，却又嗡嗡作响。

是这样吧?

明明觉得已经忘记你了，但某个时候，突然从别人口中得知你的消息，还是忍不住会心头一紧。

可我能做什么呢?

我穷尽所有努力，不过是你生命中的甲乙丙丁。

个中滋味，也只有我自己清楚。

二、

想起前些日子，朋友发信息跟我说:

我把我最好的朋友拉黑了。

她说:

其实也没有什么惊天动地的大事，只是我想忘了她。

她说起跟对方认识的故事，说起她们从小就认识。

是穿着同一条裤子长大的两个人，彼此是邻居，是伙伴。小学、初中、高中，都在同一个班。

高中那会儿有好几个混混追她朋友，在放学的路上堵着她们不让走，她朋友直接就吓哭了。

她说自己那个时候不知道哪里来的胆，顺手操起路边的一块板砖，横在她朋友面前，对那群混混说:

“你们敢再动她一下试试?”

她后来说起这件事情的时候只说:“天哪，不知道我当时哪里来的勇气，我后来回到家里的时候手都是在抖着的。”

我当时只想保护她，就像保护我的死党，保护我最好的朋友。

但这些都是过去的事情了。

“我们在春风秋雨里无话不说，却在春去秋来中失去了联络。”

大概就是这样的感觉吧？

后来啊，她们去了不同的城市，毕业后一个出国，一个留在家乡。

再后来，话越来越少，对方的朋友圈在某一天，变成了一条横杠。

朋友说：

我不是没有挽留过，只是有些事情……算了。

大概生命中有些告别如期而至，只是一种恰到好处的安排。

你未曾如期归来，这正是别离的意义所在。

她说有些时候，失去一个朋友比失去一个恋人更让人纠结难过，但我已经忘了她了。

可她不知道，她嘴里说着忘了，眼神却好似倔强而又不甘的小孩，明明白白的，又写满了不舍和难过。

她是没有忘记的。

三、

你有没有假装忘记过一个人？

这个话题也是我们在玩真心话大冒险的时候提出来的。

其中一个朋友说：

她是我最好的朋友，但是因为我喜欢她，所以我们就当不了朋友。

不敢找她，怕她以为自己还喜欢她，怕她尴尬。

但又不敢不找她，因为怕她以为自己已经不喜欢她了，怕她忘掉自己。

他说有一次过年，我祝她新年快乐，说在她楼下等她。她跟我说不下来了，天气好冷。

我当时手里拿着一本厚厚的笔记本，都是写给她的东西。

那时候我真傻啊，她知道天气冷，叫我回去，可我就偏不，我就在那里站着，我说就等你下来，我总以为她会下来的。

到最后她没出现，我把那本笔记本扔进了她家楼下的垃圾桶，裹着寒风走回家，难过得五脏六腑像是在地上摩擦。

那时候的天可真冷啊，往后的好几年，我再也没有遇到过像那么冷的冬天了。

他说后来啊，我上大学，我们两个在不同的城市，从未有过联系。

我一直以为我忘了她的，可我们的共同朋友那么多，三五次聚会，又碰上面了。

她笑着跟我打招呼，我人就傻掉了。

往后的所有聚会，只要是打听到有她去的，我几乎都不敢出现。

这么多年她一直以为我恨她，在躲着她，其实不是的，我应该对她说一声抱歉。

只是那一次，她笑着跟我说别来无恙，在我心里，她的一颦一笑不是真的别来无恙。

可我也只能默默地告诉自己：

“你别来，我就无恙。”

他说：“大概，我真的已经忘了她了。”

四、

林宥嘉有一首歌叫《说谎》，里面有一句歌词是这样唱的：

“我哪有说谎，请别以为你有多难忘，笑是真的不是我逞强。”

朋友说，有时候真的以为自己忘了那个人了。

可是啊，就在某个时候，路过一个稀松平常的街口，突然间看到像极了她的背影，都会忍不住心里咯噔一下。

删了她的好友，又忍不住每天查找她的账号动态。

从朋友口中听到了关于对方的消息，心里明明像是突然间缺了一块，但还是要装作面无表情平静的样子。

明明已经想好了忘了对方，绝对不会再去找对方了。但对方如果有什么事情，一条信息发过来，还是忍不住就回她。

很多时候，眼里没有你，但又多希望眼里都是你。

也有朋友说：

其实每天早上醒过来的时候都会觉得，我应该已经忘了他吧？应该已经不记得他了吧？

而的确也是，每天我都跟朋友聊得很开心，天气晴朗，万里无云，我也会发个朋友圈感叹一下好天气。

但问题是，那天我在街角走过，看到他和他新交的女朋友的身影。

那一瞬间，所有放弃的信念猛然间土崩瓦解，那时候的我，只感觉到自己什么都不是了。

假装忘记你，但明明我看到所有的东西，第一个想到的就是你。

五、

其实后来想想，每一个人，都应该有过这种类似的经历吧？

嘴上说着不在乎了不在乎了，可明明手里面攥着的，还是那些零零碎碎的记忆。

舍不得放下，又不忍心拿起来。

就好像歌里面唱的那样啊：

“最怕此生已经决心自己过，没有你，却又突然听到你的消息。”

只是啊，那个我想要忘记又没有能够忘记的人，你不要因此觉得愧疚和抱歉。

我只是在不太对的时间出现，又刚好是你不太对的那个人而已。

我假装忘记你，然后到有一天，我真的忘记你。

这其中的艰难辗转，困苦煎熬，到头来也只会是我一个人的故事。

而往后，便再也不重要了。

人来人往，岁月邮差

前天下班，大概晚上十一点的模样，在末班地铁上昏昏欲睡的时候，突然间接到了一通电话。

是很久不曾联系的一个朋友。

我很诧异。

接通的时候，我听到耳机里传来类似于海浪拍打沙滩发出的那种富有质感的声音，然后我就听到那边在问："阿莫在吗？"

我说："在啊，我在。"

她说："猜猜我在哪？"

我听了一会儿声音，问她："你这是在海边吗？"

她说不是啊，她说："我在西宁啊，青海湖！我们从这里路过，我想让你听一听这里的声音。"

她说："我们记者团在这里只能够停留十几分钟，待会儿就要重新上路了，怕明早拍不到日出，只好先给你打一通电话。"

她那边信号似乎很不好，反正听起来断断续续的，我跟她说了谢谢，很快她那边似乎有人在催她赶紧上车，她急匆匆地挂了电话。

于是断线的一瞬间，空荡荡的车厢和前后摇摆的手拉环安安静静地颠簸着，偶尔吹进来的冷风把人吹了个醒，一时间，心里头百感交集。

我知道她打这通电话给我的原因。

那是很久很久之前的事情了。

那一年语文课本上有一篇文章，我记忆犹新，它的题目叫《青海湖，梦幻般的湖》。

那一年我跟她是同桌，是朋友，是一起回家的伙伴。

那一年我跟她说，不管怎么样，我将来一定要去这个地方。

十几年过去了，她在电视台当外出记者，途经西宁，路过青海湖的时候给我打了这么一通电话。

她记得的。

可那么长的时间，十几年的时间，说过去，好像也就过去了。

没有什么是地久天长的事情。

以前上学的时候，总想时间过得更快一点，下课铃响得更早一些。

等到高考结束的时候，却又突然觉得留恋，这间爱了几年也恨了几年的教室，往后人来人往，也不再是之前的模样。

然后是大学，是天南地北的同学和新的朋友，再然后，突然间就毕业了。

人生的每个阶段，折叠起来，其实没有多少个瞬间。

以前喜欢长大，但回看起来希望长大和长大之间好像也就隔着一个瞬间的事情。

因为是大人了，你不能再肆无忌惮地闹脾气，不能把心里的情绪都写在脸上，不能再虚度光阴。

你需要戴起面具做人，需要看着场合说话，没有人在意你的悲伤难过，也没有人在乎你过得开不开心。

这些都是岁月留在你身上的东西。

朋友说，出来工作之后，才突然间明白一个道理：

以前觉得岁月静好，生活容易，是因为一直有人在替我们承受着那份不易。

想象中的生活跟现实中的生活总是不那么一样的。

加班到深夜，想起自己晚饭还没吃。

以前上学的时候，我们可以去图书馆看看书，在宿舍看看电影，可以去外面逛街，可以偶尔出去旅游。

但出来实习之后，生活变成了一个固定的状态。

在别人眼里，我们每天在做着一件看起来激情、新鲜的事情。

而实际上是，每天我匆匆洗漱，挤着摇摇晃晃的地铁上班；晚上一回来，瘫倒在床上，甚至不想起身去洗澡。

不要说什么郊游、健身、出去看看风景这样有意义的事情了，一天下来，就连喘口气，都觉得很累。

朋友说，这就是生活的本来面目。

他说就像我们现在，看上去好像是最有理想和抱负的年龄，但更多的是拿着和工作量不匹配的薪水，接受现实一样地建立人脉。

可你总得撑下去，以前高考挑灯夜战的时候，你以为那就是你人生中最难熬的时期了，其实不是。

任何时候，最难熬的永远在后头。

听起来好像很负能量。

但时间从来就不是什么温柔绵长的好好先生，反过来，它应该是一个一刀见血的冷面杀手，漠然，冷酷，一刀落下，生死分明。

而另外一个朋友说，长大之后突然间发现，身边的很多人好像都是阶段性的。

人这一生就像一辆不断靠站的公交车，到站了，有人下去，也会有人上来。

很多朋友，其实没有什么反目成仇，没有什么惊心动魄，可一说要走，就真的走了。

因为时间和距离，因为大家都忙着给自己的生活添砖加瓦，因为大家都没有那么有空联系。

她说以前自己小时候的“死党”，去年的时候嫁人了。

她说有时候时间真的是一种很让人痛恨的东西，比方说好像昨天刚去过幼儿园，今天对方就站到了婚礼现场。

十几岁的时候去对方家玩，躺在同一张床上睡觉，她问她，将来想嫁给什么样的男生。

对方说想嫁给自己喜欢的，嫁给长得好看、长得高的。

两个人嬉笑打闹，用被子把自己卷成一团。

十年后，她是伴娘，站在对方身侧，看着她的好友的丈夫。

他长相平平，态度谦和，听说他还是个小公司的老板，家里有车有房。

两个人是因相亲认识，又因为条件不错，相处不到一个月，很快结婚。

她说岁月变迁，最残忍的地方就在于你突然间发现，以前不能接受的事情你变得可以接受了。

以前讨论婚姻，我们讨论的是爱情。

现在谈论婚姻，更多讨论的是家庭条件。

越长大，就越发现自己开始接受各种各样现实的设定，有些人离开了也就离开了，得不到的东西说算了就算了。

你也总告诉自己：

世界上有那么一部分东西不是你努力就一定可以得到的，别傻了。

岁月是漫长而艰辛的旅途，我们之于岁月，不过是穷尽一生都在奔波劳累的邮差。

从一个站点到另一个站点，十年前给十年后的自己送上一封岁月烙印下的信，而后又再次启程。

张国荣在《阿飞正传》里说：

“这个世界上有一种鸟是没有脚的，它只能一直飞啊飞，飞累了就睡在风里，这种鸟一辈子只能下地一次，那一次就是它死的时候。”

大概是这样吧？

是难过，是煎熬，是没有任何退路支撑你走到今天。

至于那些呼啸而起的现实和压力，那些负能量以及沉淀在心里的痛苦孤独……

将来还会有的。

05

我好喜欢你，
不敢告诉你

为什么我们会觉得谈恋爱好难

一、

前段时间放假，约了朋友一起出来喝杯东西。

聊天的时候七扯八扯，说毕业出来工作之后压力很大，又说起以前上学时候的糗事。

我开玩笑问她说："你总是一个人，上学那会儿你不是总嚷着要找一个男朋友吗？现在怎么就没消息了？"

她也开玩笑地回答我："老了，谈什么恋爱，现在我只想发财。"

其实早些时候她自己谈及过这个问题。

说现在的生活压力下，很多时候感觉自己力不从心，也不像十七八岁那会儿，激情满满，也越来越难对一个人动心了。

很多人都是这样。

面对现实的压力，突如其来的困境，顾虑的东西开始变多，很多时候，仅仅是维持普普通通的生活就已经耗尽全力了。

至于那些想要跟喜欢的人一起去旅游，去看海，去沙滩上游玩的念头，就好像浮动的肥皂泡一样，稍微一碰，很快就破灭了。

二、

想起以前大学协会的一位师姐跟自己异地恋五年的男朋友分手了。

她在群里感慨一句，说不知道为什么，才二十多岁的年纪，就开始感觉谈恋爱好难。

十七八岁的时候，手里只有千把块钱，那时候可以倾尽所有，跨过整座城市去和对方见上一面。

那时候谈恋爱是多简单的一件事情。

所谓恋爱，就是只要能看见对方，只要能够让对方开心，其他的东西都不那么重要。

几年后的今天，好不容易有一个周末，被通知要去公司加班。

也想过不顾一切地抛下所有去和对方见上一面，可到了做决定的那一刻又退缩了。

毕竟，谁不想过快意恩仇的生活，谁不想肆意潇洒一把？

只是很多时候，生存就已经让人耗尽力气。

从校园出来，突然间就是一个大人了，要开始面对生活，要为更多的东西着想。

年轻的时候因为一个人面红耳赤，可以花好多好多的时间去了解一个人，花好长好长时间去暗恋一个人。

满校园在唱“恋爱大过天”的时候，十六七岁的你觉得就是这样啊。

你想吃，想喝，想变成最想成为的那个人。

可生活就像是一堵慢慢逼近的墙，它一步步慢慢逼近，最终你能够活动的范围就只有那么多了。

但十六七岁的你是没有料想到这一点的。

二十几岁的你就开始觉得谈恋爱好难，是因为恋爱的成本好像太高了。

刚毕业的你拿着微薄的薪水，勉勉强强维持自己的生活。

艰难权衡事业和感情，不情愿地建立自己的人脉。

这就是你的全部了。

三、

想起之前有粉丝私信我说：

“自己才二十来岁，不知道为什么，感觉自己很迷茫，那种青春年代荷尔蒙爆发，对一个人怦然心动的时刻，好像就这样一去不复返了。”

前段时间，以前部门的师兄突然间给我发来请帖，说结婚了，邀请我去参加他的婚礼。

突然间才想到，我们也走到几年后就要结婚的年纪了。

听到朋友吐槽说，家人朋友总是给自己张罗着找对象。

说哪一个男的，有车有房，工作稳定，在国企单位当一个领导。

很奇怪吧?

以前谈恋爱的时候，爱不爱一个人是所有东西的前提。

但现在反过来，爱变成了一种廉价的东西。

反而是这些十七八岁那年想都不会想的东西，成了一段恋爱的前提。

好多人不因为爱情而结婚。

我好几个大学同学结了婚，同学聚会的时候，因为结婚而变得有权有势的那个受到了最多的恭维。

“真羡慕你呀，什么都不用操心。”

他们不考虑爱情，不考虑两个人的相处是否融洽。

而对于被恭维的那个同学而言，她俨然成了聚会中的焦点，没有人知道她心里想的到底如何。

所以说，很多时候我们变得迷茫。

朋友说：“感觉自己之前所有的理解都在崩塌，眼下的就好像只有生活。”

可能真的是这样吧。

眼下的我们，处在这样一个青黄不接的时刻。

青春期刚刚离去，生活的艰难又刚好到来。

我们已经过了那种可以在操场上追逐，在黄昏时趿着拖鞋，从宿舍楼顶着湿漉漉的头发慢慢走向教室的年纪了。

那些隐藏在生活背后的东西慢慢浮出了水面，它开始让我们避无可避。

也许想要跟自己的爱情结婚，真的要耗费很大的力气，起码，要从破开这重重的现实问题开始吧。

愿你不忘初心。

一个人喜欢你的时候是什么模样

看到过一句话，是这么说的：

你说你不爱她的样子，就好像手心里握着糖，明明你已经在脑海中无数次地想象过那种甜到发腻的味道了，可你还是一个劲地摇头说：

“没有没有，我没有。”

这句话让我想到了，其实喜不喜欢一个人的模样，行动上骗得了自己，嘴巴上也骗得了自己，但是眼神不行。

喜欢一个人，你捂住了耳朵，它会从嘴巴里说出来。

你捂住了嘴巴，它又会从你的眼睛里跑出来。

一个人爱不爱你，从眼神上来看，是骗不了任何人的。

一、

想起前段时间跟朋友去饭店里吃火锅，看到了很有意思的一幕。

饭店里有点吵闹，人来人往的，服务员都忙得焦头烂额。

其中有一个给人上菜的小姑娘，我们坐下去点完菜，等了一会儿之后，朋友示意了我一下。

他说：

你看那个小姑娘，她喜欢那边那个在帮人点单的男生。

他说的是在饭店里负责招呼客人的那个男生，戴着眼镜，笑起来很好看，白衬衫干干净净的，跟客人讲话时也很有礼貌。

我说你怎么发现的？

朋友说，你看那个小姑娘的眼神，一下就知道了。

菜刚好都没上，经他提醒，我下意识地留意了一下。

这个时候我发现，还真是这样。

那个男生不管走到哪里，小姑娘的眼睛就跟着转到哪里。

面对其他人的时候，小姑娘都是笑吟吟的，不失礼貌也不会太生疏的样子。

但是一旦那男生走过来跟她讲几句话，那小姑娘立马就换了一个模样。

怎么说呢？

用我朋友的话来说，就是尽管拼命藏着掖着，可那种喜欢到底还是隔着眼睛，从眼神里焕发了出来。

整个晚上吃饭的时候，我都有注意到。

尽管人声嘈杂，但只要顺着小姑娘的眼神看过去，你一眼就可以看到那个男生所在的方向。

看到她在喜欢的人面前蹦蹦跳跳，把男生手里收走的盘子抢过来，一溜烟跑到厨房里。

又看到她踮着脚尖，在那个男生面前不知道说什么悄悄话，两个肩膀像兔子那样玲珑地耸动着，笑得像一朵盛开的矢车菊。

不知道为什么，看到那个小姑娘，突然间就想到十六七岁那年。

闷热的教室，头顶嗡嗡作响的风扇，还有咔咔作响的粉笔声和老师讲课昏昏沉沉的声音。

那时候喜欢一个人，没有那么多想法和考虑。

眼神躲闪，偷偷叫人帮传纸条，站在喜欢的人面前手足无措又想尽量让她注意到自己的模样。

都像极了眼前的这个小姑娘。

二、

朋友说，其实有时候觉得，十六七岁时喜欢的那个人，大概是一生中最单纯的怦然心动了吧。

那种不管什么只要她开心，耗尽一切力气，小心翼翼想要围绕在她身边的努力。

它就像南方春季时节短暂而又潮湿的雨季，氤氲在空气里，好像无处不在，又好像什么也不曾拥有。

那天我们在咖啡店里喝东西，话题至此，我怂恿他讲讲十几岁时喜欢的那个女孩子的故事。

他说没什么故事啊。

说夏天的时候在篮球场上打球，她跟同学在操场散步。

她往这边看一眼，自己都能心跳加速好半天，跳起来抢球的时候都比平时要奋力许多。

他说：

她一颦一笑好像都能给我强大的力量。

就好像被教导主任叫去训话，看到她从我身边走过，我都能跟那主任顶嘴。

他讲自己通过死党的关系要来了女孩的联系方式，存在那时候翻盖的诺基亚手机里。

那一年智能机还未盛行，男孩子拿着摔不烂的手机，藏在桌子底下，把按键记得滚瓜烂熟。

他们用QQ空间日志给喜欢的女孩写告白信，相互之间转得飞起。

存着女孩子的电话，从来也鼓不起勇气去打。

十六七岁喜欢一个人，她是带着光的。

升旗仪式上那么多人，千篇一律的后脑勺，一瞬间就能找出她站在哪个方向。

闷热而潮湿的午后，你趴在桌子上，却总能闻到她发尖香香的味道。

偷偷给她传纸条的时候，感觉她写在纸上的每一个标点符号都在发着光。

散发着树叶香气的校园林荫道，眯起眼睛来笑成傻子的模样，还有她赌气跺脚，气鼓鼓用拳头捶你后背的姿态。

大概就是你十六七岁所拥有爱情的全部了。

三、

看日剧《最完美的离婚》里，对于爱一个人的感觉，有这么一段形容：

“和滨崎光生先生在地震中相遇之后，突然就有了想谈恋爱的感觉。

刚开始我怀疑自己是不是误会了，以为是因为自己内心不安所以才跟滨崎光生先生你在一块的。

我问自己，咦，这是怎么回事？最近老是想起滨崎光生先生。

即使是和关系最好的朋友一起喝酒的时候，明明什么事情都没有，但就是静不下来。

做了好吃的饭菜，开始觉得一个人吃真浪费啊。

还有晚上看着电视笑出来的时候，所有这些，全部拼在一起，我就想起了滨崎光生先生的脸。

见面的时光，没见面的时光，全部都拼凑在一块儿。

一定没错的，这么频繁地想起你，可不就是喜欢上你了吗？”

所以说，喜欢一个人的样子，是从来都藏不住的。

难过或者开心，哭或者笑。

她的眼睛流转一圈，最后一定会停留在一群人当中自己喜欢的那个人身上。

他的身形有一种魔力，让她忍不住咧嘴微笑，让她的目光无论如何都不能移开。

想起前段时间，跟表姐去喝早茶。

其间我们谈到她男朋友的一些事情。

表姐一听到是他，还没开口呢，就忍不住笑了起来。

“他呀……”

一想起来，她微笑的眼睛里就像是有了光。

眼里都是你，脑袋都是你。

余生都是你。

大概，就是一个人真正喜欢你时候的模样吧。

以朋友的名义喜欢一个人是种什么感觉

一、

前几天深夜，朋友突然在手机上发了一句话给我。

她说：

“想想有点感慨，躺在黑名单里的那个人，曾经是我最要好的朋友，也是我最喜欢的人。”

可有些关系，淡了就是淡了。

我回了她一句，说：“是啊，就好像感情这种事，从来就不能勉强。”

关了手机之后我重新躺回床上，本来还是困意四起的，但这会儿却又翻来覆去地睡不着。

想起一句话说：

世间遗憾千百种，各人各事皆不同。

但其实，在一段慢慢淡化的感情里，最遗憾和痛心的，无一例外，往往都是重感情的那一方。

想起那些到来又离开的人，想起那些彻夜不眠辗转反侧的时刻。

可再怎么想，有些关系啊……淡了就是淡了。

二、

以朋友的名义喜欢一个人是一种什么样的感觉？

这个话题，是我们在一次聚会上提出来的。

当时大家借着酒意，很多平时不会讲的，不敢讲的，不知道为什么，那天晚上就一股脑儿全说出来了。

其中一个朋友说：

我从高中的时候就认识他了。

我们一开始是同桌，后来鬼使神差的，这同桌一坐就是三年。

可以说，几乎整个高中时代，就他跟我最熟，我们就这么插科打诨地玩着，直到高考和毕业。

他笑我是女生里面的假小子，怂恿我去剪短头发。

酷暑天气的下午，教室里热到不行，我让他给我举着个小风扇吹着，自个儿趴着午休。

等我醒过来，他还在那里举着风扇，说怕我流汗热醒。

我骂他傻，他只说好困，结果语文课上，他因为打盹儿被老师叫起来罚站到下课……

她说：

其实很多时候，我们都看起来没心没肺的。

直到高考填志愿的那个下午，一切都变得不那么一样了。

我提心吊胆地准备好一封情书，发信息跟他说在楼下等他。

那是一种很微妙的感觉，仿佛我递出情书那一刻起，就再也不能够大大咧咧地站在他楼下喊他名字。

不能够名正言顺地跟他抢同一杯奶茶喝，不能够毫无顾忌地在他难过的时候抱抱他，就像好哥们一样……

当然，后来的结局依旧是不尽如人意。

她说：后来他上大学，我们去了不同的城市，我看着他有了喜欢的女生，看他结交了新的朋友。

这种感觉很奇怪。

就好像你曾经拥有他，又什么都不曾拥有。

“走不完的小巷，原来也就那么长。”

她说：现在我可能也已经不喜欢他了，毕竟时间是最好的疗伤药。

但很多时候，我走在大街上，看到同样熟悉的背影，我都会忍不住心里咯噔一下，而后一眼瞄过去。

那种十七八岁时候的怦然心动，根深蒂固地存在我脑海里，便再也忘不掉了。

我们曾相好，想到就心酸。

大概就是这样的感觉吧。

三、

也看到有人说，以朋友的名义喜欢一个人啊，就好像明明没有恋爱，却每天都好像在失恋一样。

是这样吧？

怕你知道，又怕你不知道。

怕你明明知道了，却还装作什么都不知道。

忍不住想要告白，喜欢一个人不甘心只做朋友。可囿于现状，又不得不忍住。

就好像有个朋友说：

以朋友的名义喜欢对方，不仅仅是吃着没有名分的醋，是根本就不敢开口说啊。

害怕连朋友都做不成，害怕将来不会再有任何机会约对方出来见面。

聊天的时候总是自己在不断地找话题，害怕不小心把天聊没了。

什么都可以说，什么都可以讲，但就是不能说我喜欢你。

也有人说：

我跟她表白完的第一天，她没有回我。

我不死心，千里迢迢从一个城市跑到另外一个城市去她学校里找她。

当时的我只是想着，就算是拒绝，也希望她明确一点，好让我早点死心。

可等我到了她学校门口，她说不想见我。

我在她校门口附近的网吧里待了一个晚上，给她的手机打电话，她一个都没有回复。

后来我就自己一个人孤零零坐火车回来，心里像病了一场。

他说：

后来我才想明白，那时候的我，不过是凭借一股冲劲，到头来感动的只有我自己。

我那时候所期待的答复，其实已经明显不过了，只不过我不肯相信那就是结果，用尽全力往一堵墙上撞而已。

到头来，她还是不会喜欢我。

四、

想起之前看到的一句话说：

等你结婚那天，你一定要邀请我。我想看看那个嫁给你的女生，我想摸摸她身上穿的婚纱。

我想亲口告诉她，她真的好幸福。

因为嫁给你这件事啊……是我十几年以来，最大的梦想。

朋友说：

我跟他表白之后，他就再也没有对我那么好过了。

他说一直以来都当我是最好的朋友，他有喜欢的女生，他对我只是朋友的那种亲近。

这些其实我都知道。

但我就是不想再忍下去了，喜欢一个人，让人忍得好辛苦。

可就是因为我的表白，他开始疏远我了。

我知道他只是为了不让彼此尴尬，也是为了不耽误我的时间，但对于我来说，没有什么比这个更难以接受的了。

如果可以让我再次回到我告白那一天以前，我宁可就这么安安静静、一声不响地陪伴在你身边。

如果可以的话，我也只想对他说一句：

“我不要喜欢你了，请你别再对我不冷不热了，好不好？”

五、

也有人说，自己喜欢了七八年的女生，今年年初的时候嫁人了。

听说新郎很帅气，听说彩礼给得很足，听说很多人都去了她的婚礼，听说她在婚礼上幸福得哭成了泪人。

但这一切都跟自己无关了。

只是啊，有时候想起来真是感慨。

明明我是最先喜欢你的，明明我才是第一个陪在你身边的人，明明我是你最要好的朋友。

但到头来，我只能心不甘情不愿地看着你离开。

而我以朋友的名义喜欢你的这么多年，便也随着这轻轻地转身告别，化成嘴边的一抹苦笑。

祝你幸福是真的。

祝你们幸福，自然，也是真的。

只是以朋友的名义喜欢你的各种滋味，太苦了。

苦得……以后我也不想要了。

爱你的时候，我开始相信星座

“喜欢你就像是一场感冒，而我的病就快要好了。”

一、

最近一个号称自己从不相信星座的朋友，突然间开始疯狂地在朋友圈转发各种关于星座缘分解析的内容。

一开始我以为她是被盗号了，在微信上问她。

她说没有啊。

我又问她：

那最近怎么研究起这个东西来了？记得你以前说不信的。

她隔了好久才说：

因为我想了解他呀，让他知道我们两个在星座上到底有多般配。

突然间就想到一句话，是在我置顶微博评论下面的。

说吃东西的极限是一碗面，你夹来小笼包说吃掉，我就吃掉。

等待的极限是一小时多一分钟就离开，如果来的是你，我却可以等到你来。

走路的极限是十公里，你牵我手的话，只希望路没有尽头，能一直走下去。

本来啊，我是不信星座的。

但是因为喜欢你，所以我开始变得相信星座。

斗转星移，铁树花开，述说心事的时候想去看山和海。

都是因为你。

二、

喜欢一个人的时候是什么感觉？

朋友说，其实喜欢一个人的时候，就是别人口中说一件事情，不管对方说的是什么，都会联想到他身上啊。

就好像有人说的：

在路边看到一棵长相奇怪的榕树，我的第一反应竟然是把它拍下来然后发给你。

从那一刻起我就知道，我完了。

大概就是这种感觉吧。

朋友说起自己十七八岁的时候喜欢的那个女生，就是感觉自己看对方的时候，眼神都在发着光呀。

喜欢一个人之前，别人如果问你说，喜欢什么样的人。

你会说得头头是道，把那些在脑海里反复演练过好多遍的标准，都说上一通。

但在遇到她之后，所有的标准就只有她了。

我后来喜欢上的人，都长着你的模样。

这大概就是爱而不得的感受了。

前段时间跟朋友出来吃饭，偶然间看到她的网页访问记录。

上面全是一些姓名测试缘分之类骗小孩的玩意儿。

我笑话她，我说你弄这些干什么，难道这些东西真能够给你加点缘分不成？

她说：

我知道这些东西不靠谱啊。

但我就是莫名其妙地会去相信这些，总觉得，那个名字测试的指数高一点，再高一点，他回我信息的速度就会快一些。

这样看起来很蠢，但我的的确确就是这么想的。

她喜欢一个男生，从学生时代到现在。

那时候大学课堂上，她熬夜复习太困了，想趴下睡一觉，都会把手机拿出来，调成震动，趴在上面。

就害怕那男生回她消息，她没有很快回复。

三、

之前在办公室，不知道为什么跟同事也讲到了这个话题。

同事说自己以前喜欢一个男生，每天都想要找他聊天。

但又不能表现得很不矜持的样子，那怎么办呢？

她就给那个男孩子发信息说：你在干吗呀？

然后知道对方没有那么早回复，她就直接关了数据网络，不看手机了。

半个小时后才神经兮兮地打开，看到对方回了，再回一句，然后如法炮制。

她说：

那个时候我就想，我一看到他信息，肯定忍不住就要回他了啊，那显得我太急躁了。

所以我就想了这样一个蠢办法。

也有朋友说，有时候你看到一个基本上不发朋友圈，在社交网络上也几乎不会发任何动态的朋友，突然间就变得活跃了起来。

基本上都毫无例外，他的朋友圈几乎都是给自己喜欢的那个人看的。

生病了想让你知道我在生病，头晕了想让你知道我在头晕。

好像很矫情，但为了博得那一句关心，好像我的病都快要好了。

也有同事说，自己曾经为了追一个男孩子，花费了好大好大的力气，结果追不到。

看他的朋友圈像是在做阅读理解，好不容易对方给你发一句话，你就接二连三地秒回，就害怕对方没有马上看到，转身又忘了回复你。

她说：

那时候我就觉得啊，我这么骄傲的一个人，怎么到了他面前就什么都不是了呢。

卑微到尘埃里，也未必能开出花来，是这种感觉吧？

以前的时候，我一直觉得喜欢这种东西，好像是水到渠成的。

两个人相互喜欢，然后靠近，最后再慢慢走到一起。

后来我才发现，其实喜欢是一个单方面的过程。

从一开始喜欢一个人，就好比是你一个人单方面的，选择要开始跋山涉水。

那么往后，种种细数的卑微和艰辛，那就都是你一个人的事情了。

但与此同时，我又想起在《一代宗师》里，宫二（章子怡饰）对叶问（梁朝伟饰）说的那一段话：

“我在最好的时候遇到你，是我的运气。

可惜我没时间了。

想想说人生无悔，都是赌气的话，人生若真无悔，那该多无趣啊。

叶先生，说句真心话，我心里有过你。

我把这话告诉你也没什么，喜欢人不犯法，可我也只能到喜欢为止了。这些话我没对谁说过，今晚见了你，不知道为什么就都说出来了。”

喜欢一个人不犯法，但倘若你不喜欢我，那也就只能够到此为止了。

爱你时，就像一场感冒。

而我的病，兴许就快要好了。

晚安。

致异地恋：爱你并非一件容易的事

世界上最难坚持的三件事情：减肥、早起和异地恋。

你试过和手机谈恋爱的感觉吗？

没有的话，建议你尝试一下异地恋。

上大学的时候有个异地恋的舍友，女朋友在湖北，他在广州，那种感觉是怎么样的？

一开始只是经常性地看到他每晚都在走廊里打电话，冬天，他裹着个棉袄，揣着兜，冷得哆嗦，在走廊里来回走动。

有时候他言辞激动，似在吵架。有时候他低声细语，应该是在安慰对方。平日里跟我们吃饭看电影，他总是笑话自己：

整天打着有对象的名号，活得却像一个单身狗。

吃夜宵喝酒，他也会抱怨一下：

吵架的时候，普通的情侣见个面，拥抱一下，兴许就化解了。但是异地恋呢，只能够一次次打着电话，妄图从彼此的言语中去体会。

有时候，就连对方的情绪稍微有点不对，你都会陷入巨大的恐慌之中。

那时候他省吃俭用，从自己的生活费和平时的兼职当中挤出钱来，就为了买一张高铁票千里迢迢去看她，来回车费加吃住，他一次要花两三千块钱。

两三千块钱在学生时代不是一个小数目，可是每一次他去完回来，连吃几天泡面的时候都是手舞足蹈的，他总是眉开眼笑地指着电脑屏幕跟我们说：哎，你看，这是我跟她去XX拍的照片，漂亮吧？

我们一边看他秀恩爱，一边默不作声地夹了只鸭腿给他。

异地恋的辛苦在于想念却难以相见。

有时候久别重逢，竟像陌生人一般，连他的手都不敢轻易去牵。

身边也不乏异地恋的朋友，有出国留学的，因为时差的关系，连越洋电话都很少打。

她白天上班，挨上司痛批的时候，他那边是凌晨两点；他去学校上课，焦头烂额在图书馆赶论文的时候，她早已疲倦地进入了梦乡。

不知道对方是胖了还是瘦了，偶尔几个视频通话都是草草结束，不知道一日三餐他吃的是什么，不知道他那里是晴天还是雨天，不敢问他有没有带伞出门，万一大雨倾盆，得知他被困在雨里，除了干着急外还能怎么办？

最深刻的体会，是一旦离开了手机或者关机，就找不到对方了。

偶尔吵架哭湿了枕头，你却以为我在生闷气。

没见面之前就想好了见面的时候要穿什么样的衣服，拥抱的时候要用什么样的姿态，我看着日历上的数字一天天减少，日子却一天比一天更加难熬。

表姐和当兵五年的男朋友终于修成正果，在结婚的时候她哭成了一个泪人儿。

一年到头见不到两次面，只有她知道这有多不容易。

两个人从高一的时候就开始在一起，属于最严重的早恋违纪，整个年级的老师和双方家长用尽了各种手段方法，愣是没能拆散他们两个。

再后来，高考，上大学，一个去当兵，一个去上海。

天南地北，军队纪律严格，别说见面，有时候打个电话都得在半夜用手机偷偷地打。

表姐说，曾经千难万阻都拆散不了的一对，那时候因为长时间的异地，差点就一拍两散了。

舍友都有男朋友陪着，不如意的时候，男朋友会来安慰；生病的时候，会有人给送饭熬粥；委屈的时候，可以找另一半倾诉衷肠。

可表姐她没有。

他不在身边的时候，扛着一桶直饮水噌噌直上五楼；生病的时候舍友有事，自己一个人发着39度的高烧打车去医院打点滴。难过的时候没人安慰，困倦的时候没人陪，一个人裹在被子里，半夜痛哭一场，第二天又是生龙活虎，好汉一条。

说不羡慕别的情侣那是假的。

表姐说那时候她也希望有人能够在自己身边啊。受了委屈在电话里不敢讲，就算对方知道了也帮不了任何忙，不敢问他在部队里过得怎么样，怕自己在这头白白担心。

诱惑当然是有的。

一个理工科学院，男女比例七比一，表姐端庄大方，不乏各色各样的追求者，可她都一一拒绝了。

开玩笑问她为什么。

表姐说："没为什么，虽然我不喜欢异地恋，但是我喜欢他啊。"

喜欢他，所以愿意等他。

说白了，异地恋图什么呢？

图不到钱，两个人见一次面都困难重重，每天一个人来来去去，拒绝身边各种诱惑，还不是因为喜欢你，想要跟你有个足够好的未来。

是，是有因为异地恋而分崩离析的爱情。

但是啊……

因为是你，所以苦一点也没关系。

在结局还没有确定之前，我愿意陪你走得远一些，看看这口气，到底能不能让我撑到最后。

并非所有异地恋都是圆满的。

是的，我那位异地恋的舍友，前几天分手了。

究其原因并无对错，在时间的消磨中有些人注定要分离。

他清空了朋友圈，没有多说一句话，工作之后他们两个人的距离变得更远了，许是在这种更远的摩擦中消散了耐心，所以分开也就变得理所当然。

可是啊……

总想起他还在学校的那会儿，没皮没脸地给我们看他和女朋友亲密合照的时候。

也曾与你立黄昏，四望之下空无人。

你每天晚上都会去的小巷便利店，你每天下班路过的拐角处有好几个路牌，你不开心的时候喜欢蹲在公交车站抽一支烟，等下一辆来的时候再挤上去。

你们公司门口的保安还认得我，楼下便利店的面包还是又硬又难吃……

是的，我都记得。

希望你也别忘了。

有时候，这是命运冥冥之中的安排。

总要经过这一段时间的，我们注定要分隔两地，注定要体会漫长的相思之情，我们注定要拒绝诱惑，学会独立，这样，我们才能在一起。

而如果这是考验，那么，愿挨过漫长等待之后，每一次见面的你我，都能像现在这样，一起闹腾过一回又一回。

我好喜欢你，不敢告诉你

一、

亦舒在《承欢记》里说过这样一段话：

“自幼贫民窟长大的女子，侥幸多念了两本书，枉以为可以与人平起平坐。

可是人生从来都是接力赛，我们却天真地当成了百米冲刺。

你我都是凡人，能冲出原始阶层的人极少，女子尤甚。

在婚姻面前，爱情太渺小，真正的阻力并非他人的压力和低看，那是流淌在骨子里的基因，敏感，脆弱。”

朋友把这段话发在了自己的社交动态上，寥寥数人点了赞。

我想起一段时间前，她跟我说，喜欢一个男生，但一直停留在暗恋的层面。

不敢说，甚至不太敢想。

她说：我大概就是那种别人口中，宁愿失去也不敢主动去争取的人吧。

喜欢一个人待在自己的世界里，就算心里再怎么翻江倒海，也不会主动去联系别人。

喜欢想东想西，害怕开口后被拒绝，害怕高估了自己在别人心中的地位。

一直以来，在人际交往中都处于被动的状态。

二、

她的这些话，让我想起了上大学那会儿协会里的一个师妹。

她很内向，出去聚餐或者集体活动，也一直都是安安静静地待在角落里，恰到好处地笑着，有人抛出话题的时候，也从来不会做第一个接过话头的人。

一直以来，大家都好像忘了她的存在。

但后来有一次，协会内部做了一个评审，好多人都把手头上的一票投给了这个安安静静，从来就不争不抢的女孩。

他们都说：

小月她人很好啊！上一次我的PPT方案还是她帮我弄好的呢。

也有人说：

觉得小月性格很安静，什么事情都很好说话啊。

总是能在别人最需要的时候出现在别人身边，出去玩的时候也都顺着别人的意愿，不争不抢。

后来又有一件小事，让我对这位女生的印象更深了。

那时候是大家一群人一起做一个活动策划，她提出了一个不同的意见，大家由此而争论了很久。

但就是因为意见不合，她显得手足无措，几乎都是在照顾大家的情绪。

反复问大家是不是觉得这个提议不好，是不是觉得这样做会觉得心里不如意，等等。

事实上所有人探讨一个方案的时候，出现意见分歧是很正常的事情。

但是对于她来说，过于在乎别人的看法，也过分在乎别人对自己的印象，简单来说，就是太过敏感。

怕别人不开心，怕别人不乐意，在乎别人多过在乎自己。

遇到事情也从来不懂得如何拒绝，有事情求人又怕麻烦别人。

在别人眼里你是一个很安静的、什么都不开口索求的人。

只有你自己心里清楚，这种反反复复在内心的煎熬，其实并非表面上那么平静。

三、

朋友说，其实很多时候，这样的性格会导致自己在感情中畏首畏尾，而畏首畏尾，会让自己失去很多东西。

喜欢一个人，却从来不敢过分主动地去联系。

因为敏感，害怕受伤，宁愿把自己蒙在鼓里，告诉自己："他不喜欢我，我还是不要白费劲了。"

胆小，不敢追求，变成了一种恶性循环。

说白了，就是在人际交往、在感情中缺乏一种安全感。

其实很多人都有这种感觉吧？

就好像有人说的：

你别看我乐观，在人前也总是大大咧咧的，但实际上我内心敏感又脆弱，并且习惯孤独。

遇到喜欢的人的时候，害怕对方对自己不冷不热，害怕对方让自己处在自作多情的尴尬境地。

与此同时，缺少坦然表达爱和接受爱的能力。

你想见他，但又不敢见他。

因为你害怕还没有开口就被对方拒绝，你害怕自己颜面扫地。

对自己的不自信让你过分注重自己在别人心里的评价，想东想西，不知道自己在对方心里的位置。

所以，就算某些时刻你很想找人倾诉，很想找对方聊天，但你依旧克制着自己，因为你胆小，害怕失望，害怕让自己受伤。

你一边跟自己说着我习惯了孤独，却每个晚上都看着通讯录里的那个头像，没有勇气点开，哪怕只是发过去一条毫不相干的消息。

四、

但前段时间，有个朋友在朋友圈秀恩爱，男生看上去很眼熟，仔细一看，是对方大学时代号称暗恋了三年的男神。

我跟她说恭喜恭喜，打趣地问她怎么追到的。

她说没有怎么追到的呀，就是相处了这么长时间，想表白看看，毕竟也喜欢那么久了，总不能这样子猜测下去吧？

那多难受呀。

想到上大学认识她那会儿，总是跟我们说她喜欢的这个男生又不理她了，信息又隔了好长时间才回之类的云云。

突然间有点感慨。

其实很多事情都是这样吧？

不敢主动，到最后撕扯得血肉模糊，却依旧什么都没有得到。

不妨就多开口一次，多主动一次，可能就会有不一样的结果。

同样的话，昨天晚上我给朋友发了微信。

“最糟糕的结局，不过就是被拒绝罢了。而更多的时候，心里头有个答案，行动上不就能更果断一些吗？”

隔了很久之后，她回复我说：

“明天我就去试试。”

愿你和她一样，能有个最美好的结局。

晚安。

聊天都能秒回你的人，遇上了就收了吧

“爱情里最可怕的，不是牵扯纠缠，不是大吵大闹，而是隔着屏幕，一声不响的冷暴力。”

一、

五一放假回家，约了朋友小A出来玩。

挺久没见面了，平时很多联系几乎都在手机微信上，一坐下来不免话多烦琐，天南海北地聊。

自然，也就说到了情感问题。

问她跟男朋友现在怎么样?

她摇摇头，说分手了。

很意外，问她说什么时候的事，不挺好的吗?

小A苦笑，说异地恋嘛，是这样的。

可单这么个理由我是不信的。

但凡是认识他们两个的朋友，都知道他们两个的感情很好啊。

从高中开始到现在，这期间闹过数不清次数的分手，但也没有一次是真分了的。

十七八岁到二十多岁，从少不更事到成年，大多恋爱跌跌撞撞，因不懂世事变迁，只知道凭借一腔热情，把两个人拼了命地扭到一起。

但凡经过一次挫折，彼此就好像脱胎换骨地成长一次。

若是一路熬得过来，大多也都修成了正果。

小A跟她男朋友熬过了七年半，他们闹得最凶的时候，几乎所有朋友都要现身说法出来拉架了。

现在分手了却安安静静，若我不问，她还不说。

我觉得有点奇怪。

小A耸耸肩，我的反应并没有出乎她的意料，迎着我的眼神，她说：

的确，跟你想的一样，感情不是说分就分的。

她说很多次，她总要在电话这头守着冰冷的屏幕，接受对方的冷暴力。

打电话过去，说影响到他工作，电话挂掉，然后就是漫长的等待。

她说很多时候她都觉得，哪怕吵一架也好啊，相隔两三个城市的距离，唯一的联系就是视频电话。

一头的通信断了，另一头就再也找不到对方。

她说这么长时间以来，就这个问题，说也说过，吵也吵过。

还有过坐一天的火车去对方的城市，结果他工作忙，见不了面，各种感情问题几乎草草了事。

很快，两个人就分开了。

二、

朋友小A的事情让我想起大学时候一个舍友的故事。

那时他在追协会的一个女生，每天晚上都见到那厮一脸思春的模样，抱着手机聊天，在被窝里幸福地滚来滚去。

持续了两个月之后，我们有人问他：

“哎，你说你也聊了那么久了，在一起了没啊？”

他挠挠头，说还摸不清人家的心思，不敢轻易表白。

怕等下连微信聊天都聊不成了。

宿舍其中一个同学就给他出了个主意，说我问你一个问题，那女生跟你聊天的时候是不是每次你一找她，她就会在。

他说：“是啊，不然呢。”

我那同学说，那你赶紧去告白吧，还不晚，要失败了你来找我。

第二天，两个人在一起了。

问出主意的那个舍友，他耸耸肩说：很正常啊！

他说你看看他们聊天的时间，上课下课都在聊，有的没的也聊，他一找，对方看了就回。

你说你要是不喜欢对方，你会扯着时间跟他聊天么？

退一步说，要是那个女孩对他没半点好感，这种频率下来，看见信息就觉得烦，还聊个屁，早拉黑删除了。

于是我又想起前段时间，跟朋友一起去上海旅游。

在外面玩得太久，前一晚手机也忘了充电，两个人的手机都自动关机了。

疯玩了一圈，精疲力尽地回到酒店，他回酒店的第一件事就是给手机充电，然后开机，找到自己的女朋友报平安。

我说他好端端的又虐狗干吗？

他说不是啊，只是怕有人为自己担心。

他说着，又给父母打了个电话，说玩得开心，一切都好。

所以说其实很多时候，在乎一个人，不管何时何地都会在闲下来的第一时间找到对方，起码会做到不让对方为自己担心。

那些给他发一条信息两天后才回复，次次聊天聊不到几句，人就莫名其妙跑了的。

别想东想西了，不关心你是不是在等而已。

三、

再说回我的朋友小A。

其实很早以前的时候她就跟我说过，她说："我这个人是很敏感，很容易自我怀疑的一个人，尤其是在自己喜欢的人面前。"

"不管是朋友还是恋人，我最讨厌的一点就是突如其来的冷暴力。"

她说大家都是成年人，时间都很宝贵。

你稍微不开心、郁闷，或者根本就没有原因，就开始不接电话，不回信息。

倘若是朋友，三次两次，两个人就疏远了。

是恋人，无可避免地就要为此争吵。

她说她有一次真的忍无可忍，说："你就不能偶尔看到我电话的时候回我一个电话吗？"

可对方还是一脸难以理解的样子，说："你打电话过来不就是聊天嘛，我这边正忙着，怎么会有空跟你聊天。"

朋友说：其实他不知道，每一次联系不到对方，我的心里都感觉很慌。

她说其实当你非常在乎一个人的时候，也有同样的感觉吧？

联系不到的时候会想东想西，会觉得是不是出了什么事。

但你的担心在对方眼里，是敏感，是没有必要。

对方已经习惯了，觉得无所谓，当然，他也不会愿意为你改变。

就好像朋友说每一次问对方，说假如我对你使用冷暴力，你打电话我不接，信息我不回，你不会担心我吗？

对方耸耸肩说，你这么大个人了，又不是小孩，有什么好担心的。

说到底，其实换到自己身上也是这样吧？

就好比你正在忙东忙西，突然间收到别人的信息，倘若这个人对你而言是很重要的那个人，就算你当下没有马上回复，也总会心心念念地提醒自己稍后回复对方。

有时候忘了，还会不好意思地解释上一两句。

反过来，倘若此人在你心里跟你关系平平，也不是你所在乎的。

人家问一句“在吗？”，你或许还要犹豫着要不要回他。

回的话，万一他是求帮忙呢？不回的话，万一真有什么要紧事呢？

而有时候你因为手头忙而忘了回，往往就想：

忘了就忘了，这么久没回，人家估计也忘了吧。

你看。

在乎你的人，每一秒都会想知道关于你的消息。

宁愿撕破脸皮大吵一架，吵完了各自道歉收场。

至于那些所谓的冷暴力，因为没空而三四天不回信息的。

别想了，他真的只是没那么在乎你而已。

06

番外篇

爸爸

那天下棋，他突然抽掉自己的双马，说是让我。

两个人，三年多，未曾在棋盘面对面坐下，一开局便兵戎相见，分外眼红。

几十个回合下来，我几乎不费吹灰之力就击败了他。

见局势已定，他才解开眉头，端起茶喝时眼里却分明闪过一丝落寞。

“不行了……老了。”他摇头，想想，又说，“以前我可是让过你两个车的……”

可是，爸爸，我看着表情僵硬的他差点就脱口而出——爸爸，你自己都说了，那是在“以前”。

人是在什么时候察觉到自己身体倦怠的?

我想是在某个瞬间，某个瞬间你发觉，对于一些事情你变得力不从心，这个瞬间你们在谈论某件事情，然后你发现，你们只是在“谈论”，而没有其他，前一秒和后一秒，你们都决定只能站在这里继续谈论，这就是苍老的开始。

爸爸的苍老就是在这样一场谈论里让大家都有所察觉的。

那天我在医院里，发觉他佝偻着腰，站在他对面的是一位穿着白大褂的医生。

我们都隐约听见了“高血压”、“痴呆”等敏感字眼，每出现一个类似的词语，我的眼角就不由自主地跳动一下。它们像千斤重的石块，从天空上噼里啪啦地砸下来，砸在爸爸的背上——他的背驼得更厉害了。

等到谈论完毕，医生告辞，他才回过头来对我们一群人轻轻一笑。我听见妈妈倒吸一口凉气的声音，还有我小姑的。他笑得那么老，然后我们就听见他说：“没事……没事了……”

那段时间，我相信他无比痛恨过自己的一切，比方说，他痛恨自己的无力，比方说，他痛恨自己在爷爷一病不起的时候却束手无策的样子，更比方说，他痛恨自己千疮百孔的身体。

小姑和妈妈就在那段时间里，频频和爸爸换班照看躺在医院里的爷爷，是的，我的爷爷积劳成疾，病倒了。

这让我想起我家对面的那座迟暮的老钟楼，曾经是整个县城最高的存在，几年前推土机轻轻一碰，它就坐下去了，再也没有起来，满地废墟。

我爸爸在这种废墟里成了一个受伤的瞭望者，他喜怒无常，家里争吵时有，但大多时候他沉寂，不吐一字。但沉寂就意味着，他其实手足无措。

每天我放学回来，吃完我妈给我留下的晚饭，拧开自己的台灯写作业，大概半个小时后，我就会听到大门响起的声音，我爸回来了。

我看着他拖着疲倦的身体挪进了客厅，再走进厨房，然后我听见他吃饭的声音，筷子和碗撞击在一起丁零当啷地响。约莫十分钟，我又听见椅子拖动的声响，他从厨房里走出来，我叫了他一声爸，他没听见，我便只好目送他进了房间。

很多个晚上，如出一辙的场景，于是我便隐约知道，爷爷的病情未见好转。那年我上初三，中考在即，学业紧，每逢周末才有空去医院探望爷爷，坏消息不断，妈妈私底下和我聊起爷爷，无非是“高血压病又犯了”，“打了一剂安眠……”等等，诸如此类。

每天我做完一天的功课，走进厨房收拾碗筷，总会看见，桌子上的菜一筷未动——他只是机械性地吃完了自己碗里的米饭。我想去敲门，问他还要不要吃点，但走到房门前的时候看见房间里没有光，想想算了，大概他睡着了。

现在想想，那段时间确实难熬。我是说，对于我们整个家来说。

家里的钱不够，我爸开始四处借钱。凌晨五点多他去市场给人开车，送菜，算是赚点外快，我妈妈除了在学校工作，放学去给人当家教。至于我，从走读生变成了住宿生，原因是家里没有人能抽空做晚餐了，况且中考也越来越近。

所幸一家人，在当初那段时间里都心灰意冷过，但从未就此绝望。

事实证明，生活总不会一直处在低谷，那年中考我成绩不错，县重点绰绰有余，我爷爷也在那年六月奇迹般地康复，虽说出入得坐上轮椅，平常话也说不清，但毕竟不用继续在医院里躺着了。

我爸在这个时候终于慢慢恢复了自身状态，为此我和我妈担心了好长一段时间。

直至暑假中旬，收到县重点的录取通知书，我爸说要摆宴席请人吃饭，我才难得地在他的神色里捕捉到了一丝喜悦。

我妈平时说我爸古板，这不无道理。他不喜欢将神色写在脸上，愤怒时像一座沉默的火山，欢喜时像一堵密不透风的墙。

喜怒不形于色，却是我妈担心的源头所在。

他开始张罗摆宴，我将此事告知我妈，她才彻底放下心来。

那一次的宴席我记得，除了亲戚，我爸请了他好多朋友，不知是因为爷爷的康复，还是因为我那张红色的录取通知书，总之他比往常任何时候都要高兴，举着酒杯，一圈下来，还在念叨："你们说我就这么个儿子……"后来他喝倒下去了，还是我抬他进的房间。

印象中，我爸喝醉的次数屈指可数，一只手便数得过来。他不抽烟不喝酒，唯一的爱好是下班后看各种体育赛事，兴之所至，也找我下下象棋。

其实在多年前，我爸还是国企员工。但他现在只是一个货车司机，这其中过程颇为曲折，我妈每每说起这事，总是摇头，而后叹气。

她习惯于把这些东西都归结到命理上，似乎一些说不通的东西，只有牵扯到这个层次上，才能有一个圆满的说法。

说来也是，我爸的生活里，挫折总是多过喜事，这也造就了他的性格；不像我，遇事慌张，没有定准，无论心性和作风都算不得顽强。

我爸一九八九年毕业于中山大学，其间辗转我不甚明了，只知道后来进了一家国企工作，当时生产VCD碟片，算是新兴产业，几年后通过别人介绍，和我妈认识，两人都二十九岁才决定结婚。我一九九五年出生，当时我妈已经是小学教师，计划生育开始严抓，所以我成了家里的独生子。

我记忆里为数不多的懂得情怀烂漫的父亲形象就是在我上幼儿园那段时间里留下的。

那时候我爸骑一辆凤凰牌的单车，穿过满是泥土的县城大道，带着我和我妈，去县城里唯一一家酒楼吃夜茶。我就坐在单车前面的那条横梁上，我妈在单车的后座上侧身坐着，搂着我爸，一路笑哈哈。

吃夜茶在当时是一件较为奢侈的事情，一顿下来三四百块，对于当时的物价和工资来说，已经算得上大餐；但我爸每个月都带我们去一次，有时两次，我记不太清，反正去的次数不算少，凤凰牌单车骑过的那条路，来来回回好多次，就算是我也能自己走回家里来。

彼时县城的老花楼还没拆，咿咿呀呀有人唱戏，我爸的单车会在那里停留一阵，驻足张望，我听见他说："这戏唱的，没劲儿。"

我妈仰头看他，眼里都是笑意。

可惜世事难料，到我上二年级那年，国家政策变更，私企冲击，小地方国企不受重视，公司开始动荡。加之当时财务处的人又携款潜逃，管理不善，种种因素，几个月后公司倒闭。一夜间，我爸丢了他引以为豪的铁饭碗。

那是我记忆中，家里第一次面临困境。

几天后，我爸在离家十五公里的地方找到一份工作，一家工厂，托熟人介绍，做一个临时工，月薪九百。

九百块，当时是二〇〇二年，虽说我家所在的县城顶多算个三流城市，但九百块的月薪在那时已属低薪。

每天我爸凌晨五点起床，喝一杯豆浆，要骑一个多小时的泥路去厂子打工，晚上九点下班，照旧要骑一个多小时的路回来。

那段时间我爸的生活处在一种焦灼的状态，我确信焦灼来源于工作，还有他本身。

我不止一次地看见他拉开自己的抽屉，端详那本金边的毕业证书，我想没有人能懂得他心里所想，我是说，除了我妈。

他开始被这种密不透风的工作挤满了生活，没有双休，没有象棋，没有和我们共聚三餐的时间。

那个时候，县城里大兴土木，我大舅在县里是包工头，油水捞得很足，也曾招呼我爸去做，但被婉拒了。

倒不是他不屑于同灰头土脸在工地里摸爬滚打的工人为伍，时至今日我都记得他的倔强，换言之，是一种读书人不甘于人后的争胜之心。无须多言，我相信他有属于自己的东西，由此才会给自己的生活多添了一份悲喜。显然，他不是一个气运十足的人，故而这份悲喜遗留直至后来，变成了他自己岁月的象征。

我妈总说，你爸这个人，天生劳碌命。

不知道是不是人越是走到后面的年纪，就越爱说这些虚无缥缈的东西。她说这句话的时候，我看她的表情，除了珍惜，还有一丝遗憾。

当年那个厂子的工作我爸干了三个月，又经人介绍，转行当电工，原本以为这些工作是应付生活的权宜之计，谁想电工这一行一做，就是三年。

三年后，我上五年级，爸妈用了所有存款，在县城的河边买下一套房子，也就是我现在的家。当时买下这套房子有诸多巧合，卖房子的人跟我爸是旧识，面子上便宜许多。加之我妈当时所在的学校要扩建，推土机已经开到教师宿舍楼下了，迫在眉睫。

五房两厅，即便是在现在，对于一家三口来说，也算超级大房，就是因为太大，没人买，我爸当时一咬牙，脑袋热血上涌，也就买下了。

总的价格包括简单装修，加起来抵不过现在大城市市中心那些新建房子里的一个隔间。但这些钱对于当时的我们来说，那是相当大的一笔。

我爸找人东拼西凑，加上原先一些存款，斗胆买下。新入房子，要宴请四方，我只记得，连当时宴席上摆的菜，都是爸妈掰着手指头一个一个仔细盘算过的。

那时候来了很多人，有几个是我爸的大学同学，我站在旁边，一个个管着叫叔叔。其中一个姓黄的叔叔，是我爸的好友，至今我尚有些印象。大概他是唯一一个明白我爸困窘的人，当时他在网通公司的中高层工作，杯盏间见我爸眉头紧锁，了解情况后，几天后便把我爸招呼过去了，管理一个区的机房，但要上门给人接宽带，这就意味着，我爸那辆凤凰牌单车又派上了用场。

之后的那段时间，算不上好与不好，我爸给人接宽带，我妈照旧在学校，站着讲史铁生、讲鲁迅，放学后上门给人当家教，偶尔也单独辅导我。只是我现在才注意到，我爸之前那些昂扬斗志，就是在这种连音符都不会跳动一下的平淡生活里被渐渐浇灭的。我那时还小，听不懂他叹息里的含义，现在想想，那可能是他对生活最大的反抗了。

在网通当线务员直到我上高一，下学期。我在深圳的二姑打来电话，找我爸商量些生意上的事儿。

简单来说，她开了一个店面，销售漆包线，想让我爸去帮忙，利润三七开，我爸占三成利润。

这件事我爸斟酌许久，咬咬牙才一口答应。我那时听我妈说，亲情不要挂上利益。她是持反对意见的，但我爸那时执意要去，只得依他。

他去学了车，进货需要。

上了点年纪的人去学车不是件容易事。

高一的暑假我和同学去深圳玩，他开车过来接我们，我开玩笑问他，开车的感觉怎么样。

他却极为认真地回答我，告诉我学车的一些细节，还讲到他如何被教练骂。

“四十多岁的人了，还是第一次找回当学生的感觉。”他说。

我们都笑，玩笑之余，我却真真切切地看到了他两鬓的白发，心里百味杂陈。

他在深圳住的地方就在店面的二楼，一个小隔间，我二姑每天晚上开车回家，他依旧得在这待着，一个人，逢年过节才能回家。

我妈寒暑假去看他，一样要挤在那个窄窄的房间里，煮饭做菜在店面的后头，说是生意人，是老板，却没有老板该有的洒脱。

过年时，亲戚来家里，碍着面子给人家孩子塞钱，只有他自己知道，这些钱来得有多不容易。

这种生活我不知道是否深深地困扰过他，毕竟我们相距甚远，他话不多，很少给我打电话，听得最多的，倒是他叫我妈转告给我的，“你爸他叫你有空去深圳玩玩……”“月考考得怎么样？”，等等。

每每我呼啦呼啦扒拉完一碗饭，电话座机又响了，是我爸来的电话——每天他总是固定这个时间打回家，跟我妈聊聊天，说一些如意和不如意的事儿。

当我意识到我爸往家里打的电话越来越频繁的时候是在我高考之际，我以为是生意上的事，便未曾多加注意，加上大考临近，我妈除了叮嘱，对这些事情都藏着掖着，只字不提，只叫我专心备考。

我没多问，等高考完，跟同学去厦门玩了一个多星期，回来的时候，发现我爸也在家。本以为他回来休息几天又会走，但见他烦躁，在客厅里跟小姑一通一通地打电话，我才问起，他摇头，叹了口气说：跟你二姑闹翻了。

说到底，还是利益相关的事，我爸不愿多说，只说以后不会再去深圳。

事实证明我妈是有先见之明的，其中纠葛我并不清楚，想必双方不肯让步，无论如何，这些年我爸的艰辛我都看在眼里，我瞧见他在客厅里无可奈何地叹气的时候，心中还是隐隐有些不忍。

于是直至我上大一，国庆回家，我爸还待在家里。

似乎他累了，只想好好休息一下，他把一些很久没看的书整理出来，仔仔细细，一本一本地端详着。我看见书名，几本金庸的，还有三本黄色封面、十几厘米厚的《乾隆皇帝》，上面叠着一本《水浒传》一本《红楼梦》。

他还打趣地跟我说："不是说金庸不好，我最近看红楼，以前耐不下性子看的章节居然越看越有滋味了。"

我笑，等他去客厅泡茶的时候，在一堆旧书里面发现一本红色的本子，我抽出来看，是一本旧版的同学录，上面还有"中山大学"四个字，只是已经掉了色，不难想象它之前熠熠生辉的样子。

我翻开来看，找到我爸那一页，一张黑白照片，人显得消瘦，胡子刮得干干净净，名字一笔一画写得大气磅礴。我看了偶像一行，他写的"周总理"，梦想一行，他写的"先天下之忧而忧"。

我忍不住笑了。

我妈见我在书房里看东西，凑近来，瞧见我手上的这本，丢下一句："还看这些啊？那都是你爸的珍藏咯……你看看，他们这些偶像，都是历史人物了……”

我妈说得哈哈直笑，我这才察觉，他们两个都五十出头了，离这个时代的新兴事物太远，言语间早就没有年轻时候的那种冲劲，从他们身上更容易找到岁月的痕迹，也许日子对于他们而言，这样再好不过。

白天我妈去上课，我爸在家里做饭，吃罢晚餐，去河边散步，很多东西一笑而过，无关痛痒，唯一的期望，大概就是盼着我能够快点读完书，找个好工作，成家立业，让自己的生活也稳定下来。

学校生活并没有想象中的丰富，我时不时也会打个电话回家，我爸是不接电话的，向来是我妈跟我讲，说你爸他最近如何如何……

去年有一次，我妈说：“知道吗，你爸去给人当司机了，送药材，他在家里闲得慌。”

我只是笑，却又莫名涌上一种对岁月匆匆的无力感，我想他是不肯承认自己的苍老的，活了这么多年，热情没有，血性还是有一点的。

有一次我想起自己的一份文档落在家里的电脑上了，打电话回家，叫我妈开电脑，上QQ，远程操控一下，把文件发过来。于是我妈一边喊我爸去开电脑，一边同我讲话，我在这边电脑上操作着，却听见了我爸的惊呼声，我问我妈说爸怎么了，我妈笑着说：“他是在惊讶呢，说相隔这么远，你居然还能操控家里的电脑……”

一时间，不可遏止地，我想起今年暑假在家里的时候，一个晚上，我和我妈在等我爸回家吃饭，却突然间接到他的电话，他在那头兴冲冲地对我说："你跟你妈说，今晚不回去吃了，二傻请我们大伙去KTV唱歌。"

二傻是他那个药材公司的朋友，一样是司机，比他年轻一大截。

那天他十二点才回到家，眼里尽是兴奋，我问他去哪里了，他自豪地说去"唱歌"。那是我们这里音效最差、价格最便宜的一家量贩式KTV，他却神情激动得像第一次见到变形金刚的小孩子，逮着我妈说这说那。

我妈偷偷跟我说："这是你爸第一次进KTV。"

想到这里，我眼泪就下来了。

远在咫尺

一、

陈妈第一次来上海，逛城隍庙给陈小淑买了两只热乎的灌汤包。

“南翔馒头店，他们说挺好吃的，尝尝？”

陈小淑一接过来，二话不说往垃圾桶里“哐当”一扔，也等于是给包子宣判了死刑：

“别见着什么都往这儿带，没见过世面似的。”

语气一剑封喉，搞得前者的脸色一跟进来，差点在她面前动了怒。

陈小淑就是这样。

她自觉生性凉薄，说话带刀，自然也分人群而论。

像她面前的这位，恨了二十多年，骂也骂了十几年，不差这一时半会儿。

在她眼里，陈妈那点小心思不足为道，说难听点，像暴露在空气中的胭脂粉底，死而不僵，哪有在自己面前动怒的底气？

这不，一会儿工夫，陈妈脸上的怒气早已作鸟兽散，继而落实成一抹小心翼翼的讨好。这副噤若寒蝉的模样尽数落在陈小溆眼底，她叹了口气，心想陈娜啊陈娜，真难为你了，大老远跑来我这一趟。

就跟陈小溆讲的那样，陈妈还真没见过什么世面。

她这辈子也就这样了，蜷居在城市一隅，当一个环卫工人，对待生活丢盔弃甲，全然没了年轻时候凭一口气也要吵死人的锐气。

陈小溆见证了她从一个身份的陈妈变到另外一个身份的陈妈，倒不是感叹时光催人老，她也不关心这期间发生了什么，只是她俩在不同的路上注定走得更远一些。

反正她没法像陈妈那样，风吹日晒，对千篇一律的日子也甘之如饴。

一想到这里，她又开始讨厌眼前这个女人，二十几年来她一如既往地讨厌关于她的一切，扔包子不过是讨厌之余的泄愤之举。可话说回来，人家请了假，又专程来到上海，不做点表面功夫的话也说不过去。

“明天我要上班。”陈小溆进了门，边脱鞋子边说，“你自己再去逛逛，去陆家嘴，去淮海路或者人民广场都行，反正随你。”

见陈妈木头人似的不说话，她又说：“这段时间我忙，你来得不巧，明天得去跑个业务，大合同嘛，说了你也不懂，反正耽误不得。后天？后天也闲不了，这几天你委屈一下。你请了几天假来着？”

陈妈喉咙动了一下：“五天。”

“那刚好有个周末，我周末带你去玩。”

陈妈这才说：“好。”

陈小淑心里冷笑一声。

她知道陈妈这个人，心细，度量又小。

连声招呼不打就跑上海来，不就是为了检点自己的生活，看有没有干些她所谓的道德之外的事情么？

且不说她那点封建思想早已过时，退一步说，即便找个男人婚前同居是道德之外的事，那也轮不到她来教训自己。早些时候，这个女人干的各种荒唐行径，那才是真正搬不上台面的东西。

可这一提到过去，陈小淑躺在沙发上，心里就没来由地一阵烦躁。

二、

更早一些的时候，陈小淑站在上海这座大都市面前，第一次感觉到挣脱囚笼而出的那种快乐。那是大学时期开始之前，她背着厚重的书包，扛着行李箱在车来人往的火车站拦了半个小时的的士，磕磕碰碰，拒绝接受好心人的帮忙。

一到宿舍，几个人自我介绍，到相互介绍家庭背景环节的时候，她几乎想也不想就说，我妈是个烂货。

同宿舍都是些养尊处优的小女生，对她毫不掩饰的憎恨感到好奇，但好奇并未让她言之过多，她打小明白一个道理：同情才是促使自己去理解一个人的最大动力，好奇不是。

她不想让这群斯文女生用无尽的关怀包围自己，就像她不想化成棉花，跟陈妈一样做一个柔柔弱弱、无理取闹的女人。

她异常恨她，因此所有的行径，所有的作为，包括装束、味道，都要远离她带给她的感觉，一丝余味也不行。

那段时间里，陈爸待她们母女俩还算不错，深圳市郊外买了套房子，三房两室，当时房价不贵，但也不便宜。

给钱买衣服，买礼物，吃的用的一股脑儿塞进来，拿捏有度，不温不火。

陈小淑虽不管她，但也以为他俩能把日子好好过下去。

现在想起来，大概不温不火才是一切背信弃义的始端。

道理陈小淑懂，陈妈也懂。

但她小心翼翼，她如履薄冰，她抱着希望往绝路上闯，究其原因，陈爸虽是陈爸，但从某方面讲，陈爸又不能是陈爸。

说白了，陈妈是个小三。

陈小淑和陈妈蜗居在几十平方的廉价出租屋那会儿，陈妈带她去看陈爸，让她叫陈叔。

陈妈告诉她：“这是你爸，但在外人面前，你得叫叔叔。”

那会儿她人小不懂事，还以为天底下的老爸都该叫叔。待她懂得个中道理的时候，邻里对她们母女俩的态度开始变得微妙起来。她没有朋友，没有知交，没有人愿意跟她玩，孤立她，拿铅笔头戳她背脊骨。

陈小淑有个名义上的父亲，也姓陈，但人不在深圳，在远离大城市的老家。

以下才是陈小淑佩服陈妈的地方：

这个女人，靠自己拙劣的演技欺瞒两个陈爸长达二十三年之久，在此之前两个男人互相之间并不知道对方的存在。

她们母女俩只有在过年的时候回一趟老家，见两个同母异父的哥哥和名义上的陈爸。

这位陈爸贪酒好赌，不求上进，靠村里一点补贴过活。

如果不是一开始就知道了这位陈爸的存在，放在今时今日，陈小淑会觉得真是“活久见”。

在二十一世纪的今天还有人像民国时期抽大烟的那群烂肠仔一样整天躺在家里，守着几个没有定数的筹码，领着一点口粮度日。

她两个哥哥也混不成什么人样，一个给人鼓捣黑车买卖的，一个做走私生意，都是游走于灰色地带的勾当，收入微薄，躲躲藏藏，终日见不得几面，感情几乎没有。

陈小淑有一次问她妈：“你一个人跑深圳来？”

陈妈瘪瘪嘴，似想要说，话到嘴边又藏了半截，只说跟着姐妹出来打工，不想待在那个穷乡僻壤的毒窝里（几年前扫毒行动，村里一处大户人家是干这行的，被连根拔起）。

她藏掉的半截话，陈小淑知道是什么。陈爸无所事事，按照典型封建大男子主义的观点，靠女人吃饭是搬不上台面的，他陈爸丢不起这个脸，陈妈也不想过下去，跟着那群纺织厂的姐妹四下颠簸，终于跑上深圳。

只身一人在深圳多不容易。陈妈一说到这事儿就要抹眼泪，玻璃珠子一样扑簌扑簌地往下掉。

陈小淑见了心烦，她从小摸爬滚打，性格比常人倔强，容不下泪水和矫情。可陈妈忍不住诉苦。

陈小淑心里便想：你不和他过没错，你再爱别人，也不说你有错，错就错在你为什么生下了我?

这点陈妈是不懂的，一心只想留住男人的心和钱的时候，陈妈是不懂的。

她没有意识到把孩子当筹码是一件多么愚不可及的事情。

陈小淑的恨意就像是一把在岁月里磨亮的双面刀，被她这样来回拉扯，晃晃悠悠地，终于插中了陈妈的心脏。

三、

关于上班这件事，陈小淑没骗陈妈，她有个大单子要跟着流程走，周六前搞定。本来万事俱备，偏有电话在这个时候打了进来。

忙得脚打后脑勺的间隙里她摁了接听。

陈妈说：“我迷路了。”

陈小淑心里一惊，把文件全都弄乱了。

“怎么会迷路？你现在在哪里？”

“不知道。”

“你在哪里打的电话？”

“便利店，手机在公车上叫人偷了，我记得住你号码。”

陈小淑一听这话愈加慌乱：

“你在哪里？不对，你别急……电话让便利店的老板听。”

陈妈没有走失，也没有迷路。

待陈小淑气喘吁吁赶到目的地的时候，陈妈正站在便利店门口跟老板拉家常，见到陈小淑过来，她兴奋地挥挥手，把一串不知从哪里淘来的塑料佛珠塞到前者手中，挽着胳膊做亲密状，抬腿要走。

陈小淑手疾眼快，从陈妈的大衣兜里摸出了一部手机。

“这是什么？”她质问她。

陈妈脸色一沉，冲陈小淑使了个眼色，又不好意思地冲便利店老板笑笑。

“你什么意思？”陈小淑肺快炸了，“你几个意思？你说你手机被人偷了？我看你这样子也不像是迷路吧？”

便利店老板瘪瘪嘴，饶有兴致地看着这一幕。

陈妈脸色讪讪，拉过陈小淑的手想走，被后者用力甩开。

“陈娜！今天这班我不上了，你在这给我讲清楚！”

陈小淑气急败坏不是没有道理的，她忘了陈妈挑事的能力。

陈妈早些年常用这招对付陈爸，以一种小孩子耍无赖的方式宣告自己地位牢固，傲视群雄。她就是不懂庸人自扰的道理，年轻时候打扮自己，油光水滑，用外貌去留住别人，老了之后靠耍赖，靠无理取闹赢得自信，再想留住别人，已经晚了。

陈小淑快被气炸，她活了二十几年都能懂的东西，陈妈怎么就永远不懂？

“我……”陈妈支支吾吾，又伸出手来拽住陈小淑，便利店老板还在，许是陈妈自己觉得丢人，便央求道，“小淑，别闹了好不好，我们回家。”

“谁跟你闹了？”陈小淑心头的无名火噌噌上涨，声音也提高了一个八度，“陈娜！我问你，到底谁跟谁闹了？我说过我很忙有没有？你小孩还是大人？你怎么不干脆点，滚远点算了！”

公司那头的经理还在等，陈小淑索性不去理她，走几步路，拦一辆计程车，绝尘而去。

四、

外人前撕破脸皮不是一两次的事了，陈小淑想起陈妈逼自己相亲那会儿，母女俩私底下二十多年的敌对，终于第一次被搬上台面见了光。

她从大一下半学期开始谈的男朋友，谈了三年，实习的时候她想回深圳，男朋友上海人，二话不说收拾东西跟过来了。陈小淑带他见家长，两个陈爸见谁都不合适，陈小淑定了个大排档，把陈妈叫了过来。

那顿饭吃得极为煎熬，尤其是陈小淑的男友，一直是他在活跃气氛，实在无话可讲，只跟陈小淑切磋笑话。两人逢场作戏，耗尽力气，转眼却看见陈妈板着张脸，硬生生扒完了一碗米饭，从头到尾，一棵菜也没夹。

送走男友之后，陈妈顾不得大排档路口还人来人往，指着陈小淑的鼻子便骂："陈小淑你出息！我辛辛苦苦把你养这么大，才大学毕业你往家里给我带了个男人？"

陈小淑一脸愕然，莫名其妙地看着陈妈。

陈妈继而改成语重心长的口吻："阿淑啊，你看你男人，请人吃饭都在这种破地方吃，有几个好菜？丢人！说话嘻嘻哈哈，没一点稳重样，人丑作怪，长得像个大冬瓜，眼镜片比砖头还厚，哪点比别人好？"

陈小淑一听这话可不乐意了："那你跟我爸一起，他除了多点铜臭味，哪点比别人好？"

那会儿陈妈和陈爸正在断断续续的纠纷阶段，一听人提起陈爸她就要翻脸。

陈小淑偏要激她："怎么？自己不好受，见不得人好？"

陈妈当场暴怒，行动和言语一样出人意料，她揪住陈小淑的头径直往旁边的桌子上撞，惊动了一干吃饭的不明群众。

两个人就地而倒，手脚并用地纠缠起来，锅碗瓢盆齐齐撞翻，场面大乱。

陈小淑从小到大，被陈妈揪过无数次头发扇过无数次耳光，但从来没有一刻感觉到这么耻辱。那是一种早就镌刻在骨子里，突然间爆发出来的恨意。

这一刻陈小淑发现，恨一个人是比吃饭喝水更容易的事情，像九月的阳光，温和、灿烂，但毫不起眼。比起那些花花绿绿的情感纠葛而言，它本身更像一幅线条清晰、色彩单调的几何素描。

陈小淑按捺这种恨意走了二十几年，头一遭，她忍不住了。

那会儿陈妈和陈爸闹，急需女儿出面帮忙，陈小淑二话不说，第二天就打包走人，兜兜转转，本来是想回深圳发展的，结果不到两天，又直奔上海去了。

到上海不过两月，陈小淑和男朋友分手。没有移情别恋，只说是陈妈不知道从哪里搞到了男友他妈的电话，一个电话轰过去，骂了半天，未来婆婆果断下令："分手！"

陈小淑的男友是个㞞货，平日里脾气犟着，一到重要时刻就硬气不起来。虽说早晚爱滚哪滚哪，但这史上最奇葩的失恋经历，又是拜陈妈所赐。

陈小淑的心紧绷着，一开始本来打算隔几天去给陈妈道歉，再怎么样也为了自己和男友的未来着想，但陈妈此举彻底断绝了两人间的来往，陈小淑一把大刀干脆利落地斩下，把二十几年的牵连通通斩断了。

五、

陈小淑回去赶完单子，再回公寓的时候已经是晚上十一点多，可陈妈不在。

本不想理会，一颗心实在又悬着不落，到楼下问了门卫，说是没见着。

这会儿陈小淑有点急了，电话打不通，或许是手机没电，或许不是。

但这会儿陈妈走丢了是个事实，陈小淑也就顾不得细想，拦了辆的士，在周边漫无目的地寻找起来。

这里是浦东新区，租的位置也相对偏僻，大片新建的公寓园区，乍一看十分相似，在这种地方走丢了也不算新奇。但陈小淑逛了整整一圈毫无收获之后才恍然明白，这事儿她一个人做不来，谁知道人去了哪里？偌大一个地方，空空荡荡，找一个徐娘半老的老太婆比大海捞针容易不了多少。

陈小淑死心了，掉头回公寓，结果在小区门卫处看见了陈妈。

陈小淑气不打不一处来，厉声问道：“怎么不回去？”

陈妈说：“刚到。”

陈小淑又问：“这么晚了，你都干吗去了？”

陈妈说：“你不说让我滚么？”

“行行行，你滚吧。”陈小淑没见过这么胡搅蛮缠的人，可转眼又见陈妈那副小心翼翼的模样，她心底一软，“还不快跟我上去？”

谁想一路到了公寓，陈小淑和陈妈两个人又差点大打出手。

这次是为衣服的事儿。

陈妈不知道从哪里地摊小贩淘来的保暖内衣，硬是让陈小淑给套上。

陈小淑看了看内衣的质量，一摸上去就觉得毛毛糙糙的，不仅不舒服，还扎人。她不乐意穿，又扔回给了陈妈。

陈妈跟着犟起来，不管三七二十一，让陈小淑一定要穿上。说天冷，女孩在外要保养好自己。

陈小淑说保养好自己没错，但也用不着把自己包成一个仙人掌模样，您女儿还没那么金贵。

“这孩子！怎么说话呢！”陈妈激动地站起来，手脚并用，一定要塞给陈小淑。两个人展开了拉锯战，双手对双手，近身打太极。

推搡来推搡去，陈妈终于急了，急躁中带点央求道：“你给我带着！穿不穿都好……”

陈小淑也是硬脾气，一口咬定：“除非我死，不然这东西不可能出现在我身上。”

被纠缠得烦，她又说：“你再这样，给我回深圳去，别来烦我！”

陈妈终于蔫了，她抓着内衣，无精打采地坐在沙发上发愣，隔一会儿只见陈小淑拿了衣服进卫生间，厕所门摔得震天响。

这事要放在三年前，陈小淑是断然吵不赢陈妈的，陈妈不得理也不饶人的气势往往让人退避三舍，她自引以为豪，殊不知大家都在烦她。

她和陈爸闹的时候，有时像一个泼妇，有时像一个孩子，疯疯癫癫的性格让陈小淑看多了也看厌了，有时候回想起来真觉得不可思议，自己竟然在长时间的拉锯战中胜过了她。

这么一来她又想到陈妈刚才坐在沙发上的失落样，可能是哪些方面刺激到她了，陈小淑寻思着，待会儿说句好话。结果洗完澡出来，陈妈已经到房间里睡觉去了。

六、

和陈爸闹得最离谱的一次，自然是陈妈已婚的事情被发现了。

陈小淑不知道他俩是怎么回事，反正从小到大，她跟两方的陈爸都不亲近。陈妈暴露自己另有家庭也不过是迟早的事情，自古哪有纸包得住火的道理。

陈爸当时想摆脱陈妈，千辛万苦抓住一个把柄，自然不会随意松口。

可怜陈妈千算万算，竟然在最应该留下的当口回了老家。

陈小淑觉得她是言情桥段看多了，把自己当成了千人怜爱的苦女主，前脚一走，情人就该千里迢迢找她回来。

那时她日夜酝酿，想和老家的陈爸摊牌，但苦于没有时机。

那年也是陈小淑读高三的时候，高考在即，陈妈顾不得女儿的终身大考，她只顾自己的未来去路。

陈小淑被她拉拉扯扯回了老家，住在一片老平房里，陈小淑在看书复习，她在房间焦躁地一个个打电话，打给她那群姐妹，打给陈小淑的亲生老爸，压低声音，争吵不休。

陈小淑名义上的老爸觉得陈妈有些不对劲还是隔了好几天之后的事情。

那天陈妈和他不知道为什么吵起来了，大概还是赌钱喝酒那点烂事，陈小淑隔着房门都能听到砸碎碗碟的声音，男人似乎伸手过来打她，陈妈边哭边骂，不知道骂了啥，但陈小淑确信自己听到了一句“她本来就不是你的孩子”。

下一秒，男人踹门而入，夺过陈妈放在桌上的手机，一边查看短信记录，一边气得浑身发抖。

十八岁的陈小淑面对变故，不知所措地直起身子，怯怯地往后闪躲，陈妈在下一刻也破门而入，欲要去抢男人手里的手机，声嘶力竭地尖叫。

两个人在陈小淑面前扭打成一团，陈妈使出浑身解数，连打带咬，眼里迸出火似的，却被男人揪住空当推开，手机没抢回来，二十几年来的秘密也随之暴露了。

很多事情像多米诺骨牌，一旦碰倒第一块，后面的就像是舒展开来的图案，个中原委很快就拨开迷雾变得清晰起来。

这会儿大家都懂了，为什么陈妈平日里一走就是一整年，春节也不见得在家里多待会儿，对两个儿子不管不顾，偏对女儿格外上心。

话说回来，她这人是得有多渣。

男人觉得自己头上绿得发亮，怒不可遏，一纸离婚证书下来，陈妈也乐得签字，一拍两散，各奔东西。

离了婚的陈妈无依无靠，她带陈小淑回了深圳，发现房子给陈爸拿去抵押贷款了，房产证上也不是她的名字，这一刻她才慌张起来，到底还有什么东西是自己的？

陈小淑那时候便看着她闹啊闹，闹到高考结束，闹到大学毕业，她自己不烦，听的人和看的人都烦了。

陈爸仁至义尽，等陈小淑毕业工作后斩断关系，留下一套更靠市郊的房子，八十多平，跟出租屋没啥两样，丢破烂一样扔陈妈手里。这会儿她总算踏实了，人嘛，攥着一点什么在手里才觉得不虚此生。

不过那会儿陈小淑还在跟她老死不相往来，这往后的事，是她自个儿赔礼道歉的时候讲的。

难以感同身受，便权当听听故事。

七、

陈小淑没想到，第二天起来，陈妈给自己弄了一桌丰盛的早餐。

“我想明白了。”陈妈像变了个人，“我不留在上海了，待会儿就回去。”

她不是在说赌气话，陈小淑拿看外星人一样的眼神瞅她。

“你别笑话我，我五十多岁了……”陈妈话讲一半，不讲了。

这是老毛病。

陈小淑也不睬她，心安理得地吃完早餐，张口只说："我送你。"

非要学人家煽情一把的话，陈妈做不到，陈小淑也做不到。

陈妈这次不是开玩笑的，她当真收拾好行李，大包小包跟陈小淑一起出门，直奔火车站而去。

陈小淑见她真要走，鞍前马后替她买了票，心想着就这一回，以后甭想我服侍你。

话不多，陈妈坐在候车厅安静地等着，陈小淑看了她一眼，突然间觉得这才是她近几年真实的写照。

她飞扬跋扈的那一面不见了，留着一头不染色就花白花白的短发。

这一会儿她突然感慨，这不好比两个早些时候时不时过招的江湖高手，突然间偃旗息鼓，反倒是有点理解和惺惺相惜的意味了？

陈妈低头摩挲袖口，又落寞地在袋子里翻来翻去，看得陈小淑心里一阵难受。

她突然想起这么多年，陈妈也不容易，功劳没有，苦劳还是有的。

起码大学那几年她挺直了腰杆给自己寄一沓一沓的生活费，工作后寒冬腊月往上海寄些惨不忍睹的军大袄也是常有的事情。

她平时很多埋怨，诸多愤懑，这下倒也想起陈妈的好来了。

陈小淑欲言又止，想了又想，终于出声说："要不……留下来吧？我也请假了，带你好好逛下这几天。"

陈妈笑笑："不用了。"

"我说留下就是留下。"

陈小淑贯彻雷厉风行的行事态度，一不做二不休，抢过陈妈的车票，亲自跑一趟退了，带头拉行李，又把陈妈拎回了公寓。

这会儿陈小淑终于下了决心，做做面子也好，对得起心里那一抹愧疚也罢。她踏踏实实做了点游玩攻略，说实话来上海工作这么久，这座大都市她自个儿都没好好逛逛，权当给自己放假散心。

二十几年来，母女俩第一次出行，没多少风浪，陈妈向来是会打扮自己的人，顺带帮女儿也操操心打扮了。陈小淑感叹：这又多像从前那会儿，小时候陈妈带自己去游乐场玩，给自己编马尾的时候。

两个人尽兴了，难免也道出点心里话。

陈小淑问她："你跟我爸最后怎么样了？"

陈妈说："不怎样，断了也就断了，我老了，就盼着你以后别跟我一样，我年轻的时候太糊涂。"

陈小淑心想，这可不容易，陈妈承认自己年轻的错误，放以前这是开国际玩笑。她振振有词天天闹腾那会儿，陈小淑觉得要有一天陈妈真知道自己错在哪了，除非世界末日，否则绝无可能。

这一来她又想起陈妈赶走自己男友之后那会儿，打电话过来，两个人在电话里互爆粗口，陈小溆撂下狠话，说“以后再别来找我”。陈妈也毫不示弱，回应她“没你这个女儿”。

可结果呢？隔了一个星期，到底还是陈妈按捺不住，打电话嘘寒问暖。

还真印证了那句家乡老话，叫作“千金不买隔夜仇”，意思是亲人间争吵，结下的梁子尚在，可人哪，却不能说离开就真离开了。

陈小溆估摸着，要明白陈妈的心思，要等到自己也成为母亲之后才能体会。

但她决不会像陈妈一样耍孩子脾性的，她不害怕失去东西——大抵也是因为陈妈早就以身示范了。越是攥紧就越是容易流逝，流沙一样捧在手里，该颠簸的颠簸，该洒掉的洒掉，离不开的离不开，该滚蛋的都滚蛋。

陈小溆悟出这些东西的时候，她俩正站在这两百多米的高空上，底下是透明的玻璃板，从东方明珠这望过去，能看到整个外滩全景。而站在陈小溆身旁的这个女人，她恐高，紧紧抓着陈小溆的胳膊，战战兢兢地，小孩子模样地站了上去，深吸口气，像是得到了莫大的安慰。

也是在这个时候，陈小溆才突然发现，原谅一个人也是比吃饭喝水更容易的事情。

亲情的锁链缠得太久，爱恨也早就丧失了定义，谁叫她是抚养自己长大成人的那个无可替代的陈妈呢？

如果说陈爸的离开早已磨平了陈妈的锐气，那陈小淑倒希望这一刻的陈妈能够扔下自己过往的包袱。

起码在这一刻，她想看看陈妈活力四射的样子，像年轻时候那样，疯疯癫癫，上蹿下跳，再陪她不要脸地闹腾一回。

戏子

十六岁那一年，我跟随戏班子，第一次到南城。

逢场作戏是我们这一行里的老规矩了。按老金的话说，唱不唱得好，看你人做得怎么样。我知道，他在说人生如戏，演得生动的角色，往往是最契合自己脾性的，来来去去也就那么两三个。演到心里发苦，下了台还哭哭啼啼，眼泪把妆花了，一个劲憋着抽气。老金往往就在这个时候出现，他是戏团里的老大哥，亲自端茶送水，又吩咐人送上手帕，来来往往，整个戏团有条不紊地执行他的命令，该上台的上台，该补妆的补妆，回头又找一人，吩咐道待会儿你上台如何如何，替了这个角色。俨然一副处变不惊的老将军模样。

老金带领戏团这么多年，永远一副胸有成竹的样子，而老金最爱饰演的角色，永远是沙场上运筹帷幄的常胜将军。

可老实说，我在后台，看多了他们上上下下、起起落落，“人生如戏”这四个字，在我心底，可能比老金还要多加明白几分。

我家住滨城，是一个到南城要走三天三夜长途车的地方。滨城近江，造船捕鱼。我爸打了半辈子鱼，我走的那一天他罕见地提了瓶酒，叫我一起喝，又对着沾了鸡屎的塑胶鞋啐一口说：“你他妈的要没能闯出点名堂，一辈子别回来见我。”

于是我头也不回地走了，背对着湿润的泥土地和宽宽阔阔白练一般的滨江，腰杆子挺得笔直。一卡车的人颠来倒去，沉默不语，老金坐过来，递给我一支烟说：“孩子，你记住，戏子是没有回头路的。”

我知他话里有话。通常唱戏，过了年纪，嗓子就跟不上了，该嫁的嫁，该转行的，不一定转得了行。也有坚持下来的，混个后台，给人端茶倒水，可转眼间，又被岁月丢弃了。所以我从不唱戏。我只打下手。

这是比较正面的说法，事实上我不唱戏还有一个更实在的原因，我辍学进戏班子那一年十四岁。十四岁，与我同龄的小姑娘已经能把戏唱得有声有色了。老金当时看了看我，又捏我肩头，说我嗓门粗，舌头大，学不了东西。可他转念又说，看你身体还结实，刚好缺一个打杂的，搬东西什么的你会吧。我说会。于是我被留了下来。但我没想到，这一留，就是四年。

二〇〇一年是我来南城的第二个年头。其间我和老金终于打得如胶似漆，在他的带领下，我开始堂而皇之地出入各大录像厅，抽烟喝酒，骂街打架，无所不为。录像厅让我从一个男孩开始蜕变成一个男人，而生活，又把我从男人打压成一个流氓。

这一年老金的戏班子开始摇摇欲坠，电影院的快速发展阻碍了老金名震南城的梦想。又过几个月，一群人走得七七八八。老金烟抽得更凶了，他觉得生活没有希望。所幸留下来陪他的，除了我，还有一个小姑娘。小姑娘比我小两岁，名叫小玉。这个名字注定了她将来会美得颠倒众生，倾城倾国。可惜红颜薄命，她后来不幸跟了我，又傻里傻气地拖沓了好多年青春。现在想想，好一个红颜薄命。

扯远了。总而言之，该走的走了，不该走的也走了。树倒猢狲散，大家齐刷刷地抛弃了老金。老金一蹶不振，一夜之间愁白了头。他愁的是他的理想，大概他也驮着一个“不成名就不回家”的包袱。于是他带着我们浪迹在南城的各个角落，卖唱拐骗，维持生计。

电影让老金重燃希望。

那天我和老金去录像厅，看门的老张说，今晚不放片，放电影。我听得心头一震，老金扯着我，三步两步跑进去。当时里面在放《喜剧之王》，这是我接触的第一部电影，在此之前，电影院这种场所是我和老金只能站在门口仰望的地方，如今录像厅步入正途，无疑是我和老金的福音。周星驰在片里饰演一个郁郁不得志的青年，几乎就是老金年轻时候的翻版，看到电影里尹天仇一脸二百五地对柳飘飘喊，我养你啊。老金想起了他远在滨城的老婆，于是他哭了。而我想起了在出租屋煮好面条等我们回去吃的小玉，我当时想，能养一个这样的老婆那多好。

这部影片让老金找到了未来的人生发展方向，他要去拍电影。那天晚上他提了两瓶啤酒，吃完面条又抽了好几根烟，沉吟许久，说他要走了。我问他，你能去哪里。他掐断烟头，悠悠地吐出一个烟圈说：“去有电影拍的地方。”

第二天早上，天还没亮，他背了个双肩包，哼几曲小调就走了。走的时候他塞给我一沓钞票，叮嘱我照顾好小玉。“小玉是个好姑娘，改天她要是给别人糟蹋了，我断了你腿。”

老金也走了，南城终于沦落成我的伤心地。于是我怀着对录像厅的念念不舍之情，带着小玉，怀揣闯出一片江湖的决心，辗转到北阳县。

我到北阳县的第一天，和小玉在一个胡同里找到一份工作。我坚信路是人走出来的理念，打工是我闯荡生涯的第一步。可惜，事与愿违，这个店是黑店，广招来自各地的学徒工，连蒙带骗，进了就出不来。我和小玉被关在一个房子里给人洗碗，昏天黑地，小玉不小心摔了个碟，连带着又割破了手，我在房子里大吼大叫，踹了几次门，进来两个大汉。问清楚情况后，不由分说把我吊起来一阵毒打。小玉哭着求他们松手，我便拿眼横他们，又被狠狠扇了几个耳刮子，感觉眼前一黑，身子趔趄着后退，耳朵里又充斥着各种金属摩擦的尖锐声响，迷迷糊糊往下一跌，差点晕死过去。

小玉当时一边哭，一边赶着时间把碗碟洗了。我咬着牙在地上缩成一团，眼睁睁地看着她的手把一盆水染成红色。我在想，有机会，一定要在刚才那两只猩猩的命根子上狠狠地踹上两脚。

这个店不到半年就被查出来了。我和小玉从那个终日不见光的房子逃出来，肤色都是惨白的。可惜我没找到殴打我的那两个壮汉。半年来的生活让我知道什么叫作非人类，这一场教训让我瞬间失去了闯荡的动力，“人心险恶”四个字沉甸甸地压在我心头，我突然感到自己的渺小，像一粒洪流中逆流而上的石块，三下两下，磨平了棱角，又跳脱了自己的掌控。为了防止我继续跳脱下去，我拉着小玉，逃也似的奔离了现场。

离了那个胡同，我们露宿街头好些天，终于在一个面馆里找到一份工作。这是一个巴掌大的面馆，摊着三四张木桌，老板是广州人，讲一口蹩脚的普通话。两口子经营一个面馆，本来是不打算招工的。可老板娘心善，答应我们只包吃住，没有工钱。

我安慰自己说，总比吃不饱要好。何况老板娘心疼小玉。我的工作是送外卖，一辆单车街头巷尾地骑得叮当响，我乐在其中。大概因为深知生活背后的艰辛和不易，我憋着一口气，整整送了一年的外卖也没喊过一句累。送宵夜时，半夜三更逛过半个北阳县的小巷，小玉有时候跟着去，我便把单车停了，带她去吃烤串。一块钱一根，我每次只买得起一根，便全给她吃了，又逛一会儿河滩，再一路响着车铃，顶着夜色丁零零回去。

又过半年，面馆的生意突然大好。每天都有好几个人来，一人要几十份外带。后来老板又把店面扩大了一倍。不单做面条，又做快餐，多找两个伙计，盒饭一盒一盒地往外卖。等到有一天，取盒饭的人不来了，老板叫我把盒饭送过去，我才知道，那是一个剧组，在北阳县开拍一部电影。

一提到电影，我立马想起了老金。我在众多演员里找他，一个个搜索过去，却没有找到。倒是有个工作人员一眼看见了我在场地上东张西望，叫人喊我过去，他问我，以前演过什么没有。我说戏团出身。他大喜过望，叫来助手说，就他了。

我一时摸不着头脑，后来搞明白了是要我演一个类似于路人甲的角色，身材要求瘦高，刚好我符合这一形象。把头发往后捋，露出额头，拿把椅子往人群一坐，导演说开拍的时候拨开人群走出来，站两秒，再坐回去。这个形象便是《功夫》里边周星驰冒充斧头帮挑衅村民站出来的那个高个子。多年以后我倒回去看这部片子，发现电脑特技把我处理成一根竹竿，衣衫褴褛，简直不成人形。

我当时还不知道站在那里的导演就是周星驰，我只是觉得眼熟，半天想不起来。等到回去又想，一拍大腿，啊一声，差点没从单车上滚下去。

两三秒的上镜给我带来了五十块额外收入。我紧紧地攥着这五十块，心里想着拍电影真是好赚啊，估计老金都富可敌国了。于是我又突然记起南城的录像厅，北阳县也是有看盗版电影的录像厅的，我回忆一会儿老金，再看看手里的钱，决定带上小玉，去看一场电影。

当然是当时年前热映的《无间道》。

警匪片在当时的录像厅是极受欢迎的。这个片子梁朝伟的角色带给我满满的压抑感。我学了一句台词，是刘德华讲的，他在天台上说："我想做个好人。"这句台词给了我很大的触动，多年来一直鞭策我自身。后来看《阿飞正传》，又单单记住他一句："做人千万不要比较。从前我不觉得自己穷，直到念书后，同学们每年都有新校服……那个时候，我才觉得自己穷了。"只是等我明白这个道理的时候，小玉走了，再也没有回来。老金又入了狱，我甚至都不知道该去哪里探望他。

那天我带小玉看完电影，又带她去吃了烤串。我给自己买了一串，生平第一次吃，我觉得辣下多了，呛到喉咙，咬了一口就把它塞给了小玉。小玉接过来，大眼睛眨巴眨巴地看着我，对我说，你真好。我想那个时候的小玉是喜欢我的，但喜欢值不了钱。小玉对我说"你真好"的时候她十七岁，五年之后，她二十三，我当时辞了餐饮店的工，又在北阳县当了一年多城管，只撞见她两次。我看着她从一辆本田车上款款下来，提着一个包，挽着一个男人的手走进商场。那一刻，我才确信自己丢了些什么。

而等到我再次遇上老金的时候，又听说小玉已经出国了。那是二〇〇九年，北阳县百废俱兴，旧墙红瓦转眼间被砍断筋骨又放了血，齐刷刷往下一坐，再也没有起来。我在这里当了三年城管，和街头巷尾的小贩混得脸熟，又深知他们饱受四处动工之苦，便时常光顾。却不想这光顾等来了老金。

老金的出现，和几年前迥然不同。

那天我听说有黑帮在小摊，怕人闹事，便拿了警棍跑过去。一群人看见我，围过来，我愣了愣神，盯准了其中一个人叫："老金？"

"是你？"老金愕然，随后哈哈一笑，狠狠地给了我一个熊抱，又嬉皮笑脸地跟他身边那群壮汉说，自己人自己人。我当然看得出他们多少在做着不可告人的勾当，但我没问，权当自己眼拙。

当晚我们喝酒猜拳，东扯西扯。老金说，他去过北疆，那里有个叫乌鲁木齐的小地方。他还跑过广西跑过云南，又到北阳县来，是要办点事，却没想遇到了我。我看他眯着眼，欲说还休，于是我问他，你不是要拍电影吗。他仰头干了一杯酒，没有回我。我看着醉眼惺忪的他，恍惚觉得，当年的那个老金他好像真的走了，再也不会回来。

而后，老金要离开北阳县了，把我单独叫出去，聊了一宿，我才知道他这些年干了什么。

他在云南走私，甚至倒过白粉，从边境偷运过来，随便一件拿出来抖一抖，都是足以吃几发子弹的勾当。我说你疯了？他说我没疯，我当年走南闯北的，他娘的什么样的人和狗没见过。他又问我，你这样过得苦不苦？我说苦。他说，那就对了。

他讲当年在片场跑龙套的他，一包方便面分三顿吃。武打片里被人踹一脚，直接昏死过去，像条死狗一样被人丢出来。他唯独没问我，小玉去了哪里。我想这么多年，他早该猜到。末了，他又说，你跟我一起吧。我摇头。他说，不想家？我说，想！“赚了钱好回家。”他拍我肩头。

“我看过《功夫》，里面有个群众演员很像你。”他点了根烟。“当年我还在想，等我拍了电影，让你来做个角儿。你想好了，不跟我一路？”

我的心中动摇了一会儿，突然想起了《无间道》，于是我说：“我想做个好人。”

老金看我一眼，嗤笑一声。

我问他：“赚了钱能洗手不干么？”

他回我说，你记住啊，戏子是没有回头路的。

一年后，老金就入狱了。

被抓的时候我听说有个卖大麻和摇头丸的窝点给人端了，我是城管，这事儿是一个当警察的哥们跟我说起的，我跟他要了个名单看一眼，赫然看到“金胜天”三个大字，像是一个烙印，刻在那张白纸上，滚烫得很。

再后来，我还是回了滨城。

滨城和我离开时候相比，已经有太多不同。我爸他老了，差点认不出我来。我抬眼就可以看见他头上的白发，以及好多年未变的渔船，太轻易就找到岁月的痕迹。我妈也不教书了，她退休了，在家里缝缝补补，见我回来，抱着我便号啕大哭。她又翻出每一年给我织的毛衣，叠起来，不多不少一共十二件。我这才想起，原来，我离家十二年了。

可惜十二年一场戏，我没能带回点什么，人和城市却统统换了面孔。我在家里，重操我爸的捕鱼大业，闲时，又去看几场电影，想想老金还有小玉。滨城的戏班子还在开，总有人接二连三被送进去，逢年过节，便听听戏曲，见小姑娘在台上双手一抖，微微吸气，字正腔圆地唱："原来姹紫嫣红开遍，似这般都付与断井颓垣——"多像当年的小玉。

可等到小玉衣锦还乡，我爸已经走了。他走得突然，那天傍晚洗完澡坐在摇椅上，不知不觉就闭了眼睛。等人叫吃饭的时候，他已经去了。我披麻戴孝，和我妈操办了我爸的葬礼，我想他捕了一辈子鱼，终于可以休息了。我妈和我说，你不在家的那些年，你爸盼生盼死，都盼望着你回来。我听得一阵心酸。

我把骨灰盒送到寺庙，设了个灵位，折回来的路上便遇到了小玉。

她问我，过得怎么样？我说好。

她是离了婚回来的，眉眼间早已没有了当年的嚣张绚丽。改嫁过两三次，被一个男人骗到尼泊尔，在尼泊尔受了好多年苦，做点小生意，她男人打点擦边球给人抓了，熬了两三个月，举目无亲，她只好把自己做小生意的那个店面卖掉，带回一点钱。她要给我，我摆手不要。于是过个把月，她在滨城买下一家小小的餐饮店，自己经营。路过进去吃，她愣是不收我钱。她说，那时候我小，承蒙你照顾了。

我笑，和她话当年，她才告诉我说，她也去看过老金，老金辗转到福建的一个看守所里，她特意坐了长途大巴去看他，带着两条烟，一点钱，还有老金爱吃的几样坚果小菜。

我的笑戛然而止，再也说不出话来。

我想起他最后说，你记住啊，戏子是没有回头路的。

我知道，他在骗自己。可惜了，他演的这一场戏，没有人喝彩，也没得下台。

小玉问我，老金可能还在那儿，去看看他?

我摇头，打趣说："跑不起来。"

又听说，滨城的戏班子要游走南方各地。我想起某天晚上去听戏，一曲听完，天色已晚。带戏团的在台上呼来喝去，叫人搬了东西又撤了台。偶然间，听见他吆喝一句，"戏里戏外，别太在意咧——"，大概是对里头入了戏的小姑娘说的。

宽宽阔阔的一片场地，最后只剩下我一个人。沉沉的夜色压下来，远处几盏灯火。我静静地站立着，眺望远方，像一个普通不过的过路人，又像一只原本热血沸腾的，而今离了群的野兽。

不知，何处可落脚。